U0320915

国家自然科技资源共享平台项目
中国农业科学院科技创新工程　资助

紫花苜蓿抗寒转基因研究

徐春波　王　勇　著

中国农业科学技术出版社

图书在版编目（CIP）数据

紫花苜蓿抗寒转基因研究 / 徐春波，王勇著 .—北京：中国农业科学技术出版社，2020. 9

ISBN 978-7-5116-4991-1

Ⅰ. ①紫…　Ⅱ. ①徐…②王…　Ⅲ. ①紫花苜蓿-抗冻性-转基因植物-研究　Ⅳ. ①S541. 03

中国版本图书馆 CIP 数据核字（2020）第 167163 号

责任编辑　李冠桥
责任校对　贾海霞

出 版 者　中国农业科学技术出版社
北京市中关村南大街 12 号　邮编：100081
电　　话　(010)82109705(编辑室)　(010)82109702(发行部)
(010)82109709(读者服务部)
传　　真　(010)82106631
网　　址　http://www.castp.cn
经 销 者　各地新华书店
印 刷 者　北京建宏印刷有限公司
开　　本　850 mm×1 168 mm　1/32
印　　张　4.5
字　　数　117 千字
版　　次　2020 年 9 月第 1 版　2020 年 9 月第 1 次印刷
定　　价　50.00 元

《紫花苜蓿抗寒转基因研究》

著 者 名 单

主　　著：徐春波　王　勇

参著人员：赵海霞　邢虎成

　　　　　殷　爽　王晔菲

内容提要

为研究冷诱导转录因子 *CBF1*（C-repeat-binding-factor）基因对我国优良豆科牧草紫花苜蓿的抗寒性改良作用，本书介绍了以紫花苜蓿品种‘中苜 1 号’‘公农 1 号’和‘猎人河’为受体材料，采用农杆菌介导法将拟南芥冷诱导转录因子 *CBF1* 基因转入其中获得了转基因紫花苜蓿植株，PCR 和 RT-PCR 检测结果表明，目的基因 *CBF1* 已经整合至紫花苜蓿基因组中并在其转录水平表达，抗寒生理指标测定结果表明转 *CBF1* 基因紫花苜蓿的抗寒性得到提高。这为下一步选育紫花苜蓿抗寒新品种奠定了良好的基础。

全书共分 6 部分，主要内容包括：引言，紫花苜蓿高效组培再生体系建立，拟南芥 *CBF1* 和 *CBF4* 基因克隆及植物表达载体构建，紫花苜蓿农杆菌遗传转化及转化植株的分子生物学检测，转基因紫花苜蓿抗寒性鉴定，结论与今后研究方向。

本书具有较强的系统性和创新性，可作为研究苜蓿组织培养和遗传转化等本科生和研究生的参考教材，也可供相关专业科研和教学参考。

内容提要

前　言

紫花苜蓿（*Medicago sativa* L.）简称苜蓿，是全世界栽培历史最悠久、面积最大、利用最广泛的一种豆科多年生优质牧草。它具有蛋白质含量高、草质好、营养丰富等特点，还具有固氮、保持水土等作用。故又将其称为“牧草之王”。

近年来，随着我国草地畜牧业的发展和农业产业结构的调整，草产业呈现出强劲的发展势头。苜蓿作为草产业发展的主导草种，它在北方高纬度、冬季严寒、倒春寒常出现等地区的安全越冬问题，一直是制约上述地区草产业健康发展的突出问题。选择抗寒性强的苜蓿品种，是解决这个问题的途径，但在我国现有的苜蓿品种中抗寒并且高产的优良苜蓿品种较少，不能满足我国北方寒冷地区草产业快速发展的需求。通过引种国外苜蓿品种虽然可以满足生产需要，但是引进苜蓿品种不仅价格高，还存在着抗逆性、适应性等方面问题，尤其是在抗寒性方面不能适应我国北方高纬度等地区的恶劣气候条件。例如，2001 年吉林省双辽市种植美国 CW 系列苜蓿品种 1 000hm^2，2002 年春季大部分死亡，虽有零星返青植株，但已无继续保留的价值，使当地的生态建设和农村经济发展受到了严重的损失。因此，如何在短时间内培育出适合我国北方高纬度等地区种植的抗寒高产苜蓿新品种，便成为一个亟待解决的问题。

以往苜蓿的抗寒性遗传改良依赖于常规育种技术。但传统的育种方法进展缓慢，周期长，而且短期内性状表现不明显。因此，仅靠常规技术快速培育出抗寒高产的苜蓿新品种十分困难。转基因技术的快速发展和在苜蓿育种中的应用，为快速选育抗寒高产苜蓿品种提供了新的研究手段。

在国内外有关苜蓿抗寒转基因的报道中，主要是利用超氧化物歧化酶基因（SOD）来提高苜蓿抗寒性，利用冷诱导基因的转录因子 *CBF1* 来改良苜蓿抗寒性的研究还未见报道。*CBF1* 转录激活因子是一类受低温特异诱导的反式作用因子。它们能与 CRT/DREDNA［C－repeat/dehydration－responsive element（DRE）DNA binding protein］调控元件特异结合，促进启动子中含有这一调控元件的多个冷诱导和脱水诱导基因的表达，从而激活植物体内的多种耐逆机制。Kasuga 等研究证明，未经冷驯化条件下，在-6～-5℃环境中冷处理 1～2d，拟南芥野生型植株全部死亡或存活很少，而超表达 *CBF1* 的转基因植株仍保持相当高的存活率。甄伟等的研究也表明了转 *CBF1* 基因的油菜和烟草的抗寒性较未转基因油菜和烟草有明显提高。

本研究旨在通过转基因技术，将从拟南芥中克隆得到的冷诱导基因的转录因子 *CBF1* 转入优质高产的苜蓿植株中，经过分子检测和抗寒性检测后，筛选出抗寒高产的转基因苜蓿植株，以便快速地培育出适合在北方高纬度、冬季严寒等地区种植的抗寒高产苜蓿新品种，来满足这些地区草地畜牧业和苜蓿产业化快速发展的需求。

本研究的主要结论如下。

（1）建立了紫花苜蓿高效组织培养再生体系。筛选出紫花苜蓿组织培养最适培养基分别为愈伤组织诱导培养基（SH+2. 0mg/L 2,4-D+0. 5mg/L 6-BA）；愈伤组织继代培养基（MSO+0. 5mg/L NAA+1. 0mg/L 6-BA+1. 0mg/L $AgNO_3$ 和 MS+0. 3mg/L TDZ）；分化培养基（MS+0. 2mg/L KT）。

紫花苜蓿 5 种外植体下胚轴、茎段、叶柄、子叶和叶片均可以组织培养再生成苗，但以下胚轴的分化率最高，是用于紫花苜蓿组织培养的最佳受体材料。在中苜 1 号、猎人河和公农 1 号 3 个紫花苜蓿品种中，猎人河的愈伤组织分化率最高，为 3 个苜蓿品种中进行组织培养的最佳基因型。

（2）克隆了拟南芥 *CBF1* 和 *CBF4* 基因及构建了适于紫花苜蓿遗传转化的植物表达载体。

本研究从拟南芥中利用 PCR 方法分离得到了 *CBF1*、*CBF4* 基因及 CBF1 特异启动子，并且分别构建了由 CaMV 35s 启动子和来源于拟南芥的 CBF1 启动子驱动的植物表达载体 PBI121-CBF1、PBI-PRO-CBF1、PBI121-CBF4。

（3）转基因紫花苜蓿的获得及抗寒性检测。通过对影响紫花苜蓿遗传转化的一些因子进行研究，确定了最佳农杆菌抑制剂为 350mg/L Carb；最佳 Kan 筛选浓度为 60mg/L；最佳受体基因型为猎人河苜蓿；最佳外植体为下胚轴；最适宜农杆菌菌液浓度 OD_{600}为 0.4~0.6，侵染时间 10min；AS 最适浓度 10mg/L。

利用农杆菌介导法将 *CBF1* 基因转入紫花苜蓿，获得了抗 Kan 的转基因紫花苜蓿植株。经过 PCR 检测，部分转化植株扩增出了大小为 650bp 左右的特异带，初步表明目的基因 *CBF1* 已经整合到紫花苜蓿基因组中，进一步通过 RT-PCR 检测，表明外源基因 *CBF1* 在部分紫花苜蓿转化植株的转录水平上表达。

测定了转基因苜蓿相对电导率、脯氨酸含量、可溶性糖含量和丙二醛含量 4 项抗寒生理指标。结果表明，转 *CBF1* 基因苜蓿植株比对照植株抗寒性有所提高，转基因各植株之间有差异，各指标综合结果显示，T9、T11 和 T3 的抗寒性较其他植株高，且 T9 表现最优。

将转基因苜蓿低温处理后观察其冷害症状，结果表明转基因苜蓿植株表现出较强的耐低温胁迫能力，受害叶片数目均低于对照植株，且大部分株系与对照构成显著性差异，在恢复生长后，虽然转基因植株和对照植株均无地上部分死亡现象，但恢复速度转基因苜蓿植株较对照植株更快。这些结果直观显示，过量表达 *CBF1* 基因的转基因苜蓿的抗寒性获得了提高。

著　者

2020 年 6 月

目　　录

1 引言

1.1 苜蓿概况

苜蓿属（*Medicago* L.）为一年生或多年生草本，少数为小灌木，茎多直立，叶为小三叶组成。本属有 65 个种，多年生种可概分为紫花、杂花和黄花三大种群。紫花苜蓿经济价值较高，黄花苜蓿抗逆性较强，杂花苜蓿兼具紫花苜蓿与黄花苜蓿特性，为杂交种。

紫花苜蓿（*Medicago sativa* L.）别名紫苜蓿、苜蓿，为多年生苜蓿属草本植物。紫花苜蓿起源于“近东中心”，即小亚细亚、伊朗、外高加索和土库曼斯坦一带，中心是伊朗。目前广泛分布于北美、南美、欧洲、亚洲、南非、澳大利亚和新西兰等地。我国紫花苜蓿主要产区为陕西、甘肃、宁夏、山西、新疆和内蒙古等地，随着畜牧业的快速发展，紫花苜蓿的栽培面积也在不断扩大。紫花苜蓿抗逆性强、产量高、品质好、利用方式多、适口性好、经济价值高。

紫花苜蓿高 30~100cm。根粗壮，深入土层，根颈发达。茎直立、丛生以至平卧，四棱形，无毛或微被柔毛，枝叶茂盛。羽状三出复叶，叶缘 1/3 处有锯齿，小叶倒卵形或长椭圆形，上面无毛，深绿色，下面被贴伏柔毛，花序总状或头状，具花 5~30 朵，花冠蝶形，花瓣 5 片，雄蕊 10 枚，9 合 1 离，雌蕊 1 个。荚果螺旋状紧卷 2~4 圈，熟时棕色，每荚含种子 2~9 粒，种子肾形，黄色、棕色或褐色，千粒重 1.44~2.30g。

紫花苜蓿适应性广，喜温暖、半干燥、半湿润的气候条件和干燥疏松、排水良好、且高钙质的土壤生长。

紫花苜蓿是一种高蛋白，营养丰富的多年生优质牧草。我国栽培紫花苜蓿已有 2 000 多年历史，目前，紫花苜蓿在全球种植面积约为 $3\times10^8hm^2$，而在我国种植面积约为 $2\times10^7hm^2$。作为世界上栽培时间最久、分布最广的豆科牧草之一，紫花苜蓿因蛋白质含量高，约占干物质量的 20%，含多种矿物元素，维生素和碳水化合物丰富以及能进行生物固氮等优点，在农牧业生产中发挥着重要的作用，具有很高的经济和生态价值。

1.2 苜蓿属牧草国内外育种研究进展

苜蓿在畜牧业生产中占有极其重要地位，作为人工草地建植面积最大的牧草，其品种资源对于苜蓿的广泛应用显得至关重要。苜蓿长期以来一直作为畜牧业发展的主要草种，苜蓿也相应是草业工作者育种的主要研究对象，畜牧业较为发达国家如美国、加拿大、新西兰、澳大利亚等国育种水平、育成品种数量及生产应用程度均较高。

北美地区的美国和加拿大引种苜蓿的时间几乎比墨西哥晚了 4 个世纪，一直到 21 世纪初才开始发展。但目前这两个国家的播种面积占全世界的 40%左右，对苜蓿的科学研究，选育技术及其在农牧业生产中的效益均处于国际领先地位，北美地区苜蓿育种目标主要集中于抗病、抗寒、可消化营养物产量、产量的季节分布、植株持久性、适口性、易于繁殖和管理等方面。育种方法以常规育种方法为主，如集团选择、表型选择、轮回选择等，近些年，随着分子技术的成熟，应用分子生物学手段育种也成为其育种方法的主要辅助手段，但常规方法育种仍是北美地区普遍

采用的最主要育种方法。

新西兰为畜牧业大国，因其特殊的地理位置栽培苜蓿具有局限性，但苜蓿材料引种、繁育仍是其发展畜牧业的一个主要方向，新西兰利用苜蓿进行放牧、调制干草、青贮料已有近100年历史，早期以引种为主要方式，但苜蓿病害严重，近几十年新西兰育种工作者开展以两个育种计划为育种方向的苜蓿育种研究，一个是长期育种方案，位于新西兰北岛北帕默斯顿的科学工业部草地研究所，主要在北岛苜蓿种植区开展了育种工作，另外一个是利用国外育种方案的成功结果，建立一个适宜的、具有抗性的种质基地，从中选择和培育具有理想特性的品种，近些年取得了较大成绩，目前，WL系列为其代表育成品种。

澳大利亚是一个四面环水的岛国，澳大利亚土壤较为贫瘠，气候干燥、夏季酷热，冬季冷凉湿润，其苜蓿育种以抗虫、抗病、抗旱、抗瘠薄为主要目标，20世纪70年代以培育抗蚜虫苜蓿为主，80年代主要以培育抗病性强苜蓿材料为主要育种目标，90年代至今以培育多抗性苜蓿材料为主，因澳大利亚特殊的地理条件，其育种目标相对较为复杂，但基本以培育抗性强、高产优质苜蓿为科研方向，通过科研人员不懈的努力，目前澳大利亚在抗性育种方面已取得了较好的成绩。

国外发达国家苜蓿育种基本以公司、科研单位为育种实体，公司或生产部门针对苜蓿生产过程中遇到的问题建立科研课题，实现生产与科研的密切配合，通过多年的发展已形成较好的产业、科研链，达到有的放矢，这也是我国现如今苜蓿生产与科研脱节现象需主要借鉴的苜蓿育种方式。

我国草产业起步较晚，但近些年随着国家对生态环境的保护及畜牧业、乳制品行业高速发展，苜蓿育种已有了长足的进步，截至2010年，我国已经审定登记的苜蓿属的育成品种34个，野生栽培品种5个，地方品种19个，在34个育成品种中有21个紫花苜蓿品种，3 个黄花苜蓿品种，10 个杂花苜蓿品种。现有登记苜蓿品种中，选育的类型基本上包括抗寒、高产、耐盐、耐牧根蘖型、抗病等类型，34 个品种中，抗寒品种 17 个，高产品种 11 个，耐盐品种 2 个，根蘖品种 1 个，抗病品种 2 个，抗虫品种 1 个。

在育种目标方面，我国苜蓿育种以高产、优质及提高抗性为主要育种目标。育种方法则主要包括选择育种、杂交育种等传统育种方法，随着分子生物技术等新兴育种技术的快速发展，现代技术育种也在发挥着巨大作用。从目前育种研究的水平及结合发达国家育种模式及目前育种水平总管育种发展方向，传统育种方法仍将不可替代，太空育种等新兴技术与传统模式的结合将促进我国苜蓿育种的快速发展。传统育种模式基本以选育、杂交等方式为主，我国通过选择育种而育成的苜蓿品种主要有公农系列、新牧系列及甘农系列等。杂交育种我国目前主要以双紫花苜蓿亲本，紫花和黄花苜蓿为亲本开展杂交，如图牧 2 号紫花苜蓿、甘农 3 号紫花苜蓿等品种为紫花苜蓿和紫花苜蓿作为亲本。紫花苜蓿和黄花苜蓿杂交为野生近缘种发生杂交，从而产生综合两者优良性状的新变异，草原系列、图牧 1 号、甘农 1 号等均是利用这一特性通过杂交而育成。龙牧系列苜蓿为属间远缘杂交结合辐射育种产生。

相对于常规育种手段，其他育种技术主要为诱变育种和生物技术育种，诱变育种是指人为地利用理化诱发变异，而后根据育种目标，通过人工选择、鉴定、选育出新品种。诱变分为物理诱变和化学诱变。诱变是产生遗传变异的常用手段，龙牧 801 和 803 苜蓿就是采用辐射诱变辅助手段育成的。航天育种属于新型手段，利用外空间辐射产生变异。生物技术育种是利用生物技术如细胞工程、基因工程、微生物工程、酶工程和生化工程等。近些年新兴较热的育种方式，其中发展最快的就是基因工程技术育

种。苜蓿传统育种方法是常规杂交、回交，所需周期较长，并且高度依赖种质资源，传统的育种方法时间长，成本高，且可利用的种质资源也有一定局限性，不能满足育种目标多样化的需求。随着植物基因工程技术的迅猛发展和广泛应用，植物转基因技术在苜蓿遗传改良方面发挥着越来越重要的作用。与传统育种相比，植物基因工程技术具有周期短、选择精度强、育种效率高以及克服远缘不亲和性等优点，可大大加速育种进程，已成为苜蓿遗传改良发展的重要方向。利用相应技术开展的苜蓿育种主要集中于向受体转入抗逆基因、抗除草剂基因、抗病毒基因、抗虫性基因等改良苜蓿抗性方面，目前已获得了一批苜蓿的转基因植株，但大多数还停留在实验室阶段，没有进入生产应用，究其原因，主要是由于转基因的转化频率低、重复性差、随机性大，另外，在实际应用中也存在一些问题，如转基因苜蓿的杂草化、害虫对转基因苜蓿产生抗体以及安全性等，困扰转基因苜蓿发展的诸多问题随着科技向微观技术及宏观技术的双向扩展，在不远的将来必将得到解决。

1.3 苜蓿属牧草基因工程研究进展

苜蓿属牧草涵盖 65 种，在生产及应用中涉及最多的为 3 种，分别是紫花苜蓿、杂花苜蓿及黄花苜蓿，其中以紫花苜蓿应用最为广泛。

苜蓿属牧草紫花苜蓿因其产量高、品质特性好、栽培历史悠久、栽培面积大、应用广泛等特点，在基因工程研究中涉及的报道最多，研究也最为深入。植物在基因工程主要包括目的基因提取、基因表达载体的构建、目的基因导入受体细胞及目的基因的检测和表达等环节，苜蓿基因工程应用始于 1986 年第一例苜蓿转基因植株问世，经过近 30 年的不断探索，国内外研究学者已将植物基因工程的各种技术应用于紫花苜蓿，转基因改良紫花苜蓿性状已成为最为有效、快捷的苜蓿育种手段之一。

苜蓿属牧草黄花苜蓿因其抗性强，在苜蓿育种领域长期以来一直作为杂交亲本广泛应用，随着苜蓿基因工程研究的成熟与深入，黄花苜蓿的抗性基因也得到了进一步的认识，从黄花苜蓿中克隆抗性基因也逐步成为苜蓿属植物基因工程的研究热点之一。

1.3.1 紫花苜蓿基因工程研究进展

紫花苜蓿别名苜蓿，为豆科最有利用价值牧草，紫花苜蓿因其栽培历史悠久、栽培面积大、利用广泛等特点被草业称之为“牧草之王”。紫花苜蓿粗蛋白质含量高，适口性好，家畜喜食，为世界范围内最优良的牧草种质资源。紫花苜蓿在生产最主要的用途为饲草料，也被用作绿肥植物、蜜源植物，近些年，随着生态环境的不断恶化，紫花苜蓿的生态价值得以体现，在我国干旱、半干旱地区，紫花苜蓿应用于日益广泛的生态环境改良修复。

紫花苜蓿的优良性状及诸多功能使其成为世界范围内栽培面积最大、应用范围最广的牧草，栽培及利用的扩大化也将紫花苜蓿的弊端呈现在研究学者的面前。紫花苜蓿常具有青饲易造成家畜臌胀病、抗逆性相对较差、易感病等生物学特性，当前国内外苜蓿育种和改良的主要目标也集中体现在如何解决这些弊端上。我国幅员辽阔，人工草地主要集中于我国内蒙古、新疆、西藏、青海及甘肃地区，上述地区共同特点为生态环境差，紫花苜蓿栽培过程中多受到各种环境因子的胁迫，其中尤以干旱和低温胁迫最为广泛。对于国外和我国苜蓿育种工作者而言，苜蓿育种主要方式为常规育种方式，但常规育种周期长，不可控因素多，依靠常规育种手段短期内快速高效提高紫花苜蓿抗性，改良不利于畜牧业生产的劣性品质很难实现，随着基因工程技术的迅猛发展，

转入相关基因提高紫花苜蓿抗性，改良品质成为解决这一矛盾的突破口。

生物基因工程研究始于20世纪70年代，随着DNA重组技术发展应运而生，1971年美国Smith H. O. 等人利用从细菌中分离的一种限制性内切酶，酶切病毒DNA分子，标志基因工程DNA重组时代的开始，1983年世界第一例转基因植物抗卡那霉素烟草由美国人成功获得，标志着植物转基因时代大幕的开启，转基因手段能够有效地解决常规育种的诸多难题。苜蓿利用基因工程转基因技术改良始于20世纪80年代，1986年，苜蓿第一例转基因植株问世，由于紫花苜蓿在各国畜牧业生产上占有极其重要的地位，与其他牧草相比，紫花苜蓿转基因研究涉及领域宽、方法多、技术成熟度高。紫花苜蓿基因工程研究的核心为受体系统及基因转化技术，国内外学者相关研究报道也主要集中在这两个方面，其中转化受体系统研究报道主要涵盖原生质体、愈伤组织、胚状体及直接分化受体，转化技术研究报道主要为农杆菌法、电击法、微注射法、基因枪法等内容。紫花苜蓿转基因研究多以提高抗性及品质改良为主要研究目的进行报道。

1.3.1.1 紫花苜蓿转化受体系统

紫花苜蓿转化受体系统主要包括原生质体、愈伤组织、胚状体及直接分化转化受体系统，国内外研究也主要集中在这几个方面。

相关原生质体转化系统研究主要在原生质体的来源，综合国内外相关报道发现，苜蓿原生质体细胞来源主要为花药、叶肉、根尖、茎尖、子叶、幼芽等植物细胞，最早的国外报道为Constable，1975年成功分离苜蓿原生质体，我国20世纪90年代白静仁等首次报道了黄花苜蓿培养原生质体研究，为叶肉提取原生质体。Kao等比较了不同单株苜蓿叶片分离得到的原生质体在分裂频率及随后胚状体的形成方面的不同，Mckersie 也做了相似研究。Johnson 等发明了一种新的培养基，利用苜蓿幼芽获得原生质体形成体细胞胚产生植株。Xu 用苜蓿根尖细胞原生质体得到再生植株。杨茁荫和徐子勤均报道用苜蓿和红豆草的原生质体培养系进行体细胞杂交，获得异核体。研究报道文献显示，紫花苜蓿原生质体培养系在国内外研究中已基本建立，基于原生质体的苜蓿种内、属间体细胞杂交及外源基因导入基础已初步形成。原生质体为细胞内含物，在应用上具有局限性，主要表现为再生植株遗传稳定性差，培养周期长，且原生质体培养基本在细胞水平，实验精度要求高，实际操作技术难度大，后期植株再生频率也相对较低，应用于植物基因转化具有局限性。

相关愈伤组织受体系统研究主要为愈伤组织形成来源系统性比较方面，愈伤组织为苜蓿基因工程最主要的受体来源途径，国内外研究主要针对叶片、叶柄、子叶、胚轴、根、花药等植物器官形成的愈伤组织开展。苜蓿愈伤组织培养最早见于 Saunders 和 Bingham 等的报道，研究人员通过苜蓿器官和体胚建立愈伤组织，实验最终获得完整的苜蓿再生植株。我国相关报道最早在 20 世纪 80 年代，杨燮荣等在取材苜蓿叶柄、叶片及茎段作为外植体诱导愈伤组织，实验成功分化出苜蓿再生幼苗。紫花苜蓿外植体比较研究方面，杨燮荣认为叶片优于叶柄和茎段，李聪等在研究中采用子叶和下胚轴，实验表现出高的出愈率和分化率，黄其满和张何进一步比较了下胚轴与子叶节及叶片的再生能力，认为下胚轴再生能力优于子叶节和叶片，危晓薇等比较了无菌苗子叶和下胚轴，认为下胚轴愈伤组织的平均诱导频率，分化频率均高于子叶。通过大量的研究报道显示，苜蓿下胚轴具有高出愈率及分化率，为愈伤组织较为适宜的外植体。苜蓿离体再生体系的研究进展，葛军等作了较为详细的报道。苜蓿愈伤组织受体体系的研究因其来源广，易于培养，成功率高，自产生以来一直广受

研究学者热议，目前相关研究已比较深入，该领域的理论和技术基本成熟。苜蓿愈伤组织受体系统目前的局限性主要为再生频率不稳定、基因型影响大和再生周期长。

相关直接分化受体系统研究因其不经历愈伤组织阶段在组织培养中常见于快速繁殖及种质保存，直接分化以不定芽为再生方式，通常具有再生快、变异小等优点，相关研究表明，茎尖分生组织细胞遗传稳定性较优，但转化频率低，易产生嵌合体。苜蓿开展直接转化时，需选择适宜的外植体及培养基，如 MS 培养基，在培养时相应辅助激素为 BA 和 NAA，研究显示该培养模式可直接成苗，成苗率能够达到 35%～70%。

相关胚状体再生受体系统研究报道较多，研究主要集中苜蓿的茎尖、叶柄、花药、下胚轴、子叶、幼叶等外植体分化体细胞胚产生再生植株。理论上适宜的组培条件下，任何具有全能性的体细胞均可诱导形成体细胞胚。可见组培条件和适宜的体细胞胚应为该系统研究的核心，国内外学者也正是围绕着两方面积极开展工作。梁慧敏等有关中苜 1 号等紫花苜蓿外植体再生系统的建立研究为此再生受体系统的代表性研究模式，即以不同品种的不同外植体，在不同培养基、不同激素种类和配比、辅以营养物质，研究其对苜蓿胚性愈伤组织和胚状体诱导、成苗和移栽的影响，该研究比较全面地将胚状体再生受体系统全部研究方向集中演示。目前国内外各草业研究院校及科研单位几乎均开展过类似研究，如甘肃农业大学耿小丽等 7 个基因型苜蓿花药愈伤组织胚状体诱导因素的研究，吉林省农业科院学王玉民等 18 份苜蓿子叶体细胞胚的诱导和植株再生研究，中国农业科学院王涌鑫等保定苜蓿高效组织培养再生体系的建立研究，时永杰等苜蓿组织培养研究等。胚状体再生受体系统特点是转化率高、嵌合体少、双极结构能同时分化出根和芽，遗传一致，是研究基因转化中最为理想的方法。

综合比较各受体系统发现（表 1-1），苜蓿 4 种受体系统各具特色，共同点在于取材外植体来源均广泛，几乎涵盖苜蓿的多数器官或组织。不同点在于原生质体和胚状体再生受体系统为细胞水平取材，几乎不产生嵌合体，但相应技术操作在细胞水平，技术复杂，难度大，且成功率低。愈伤组织与直接分化受体系统因取材为组织或器官，受基因型等影响遗传易产生变异，即遗传稳定性差，优点为技术相对简单。4 种受体系统在苜蓿基因工程研究中经常混合使用，以弥补单一方法的不足，从而保证组培的成功。

表 1-1　国内外紫花苜蓿转化受体系统研究进展概况

受体系统	研究涉及组织或器官	培养方法	局限性
原生质体	花药、叶肉、根尖、茎尖、子叶、幼芽等	去除细胞壁分离原生质体	再生植株遗传稳定性差、技术难度大、周期长、植株再生频率低
愈伤组织	叶片、叶柄、子叶、胚轴、根、花药等	植物各器官或体胚产生愈伤组织	再生频率不稳定、受基因型影响大、再生周期长、易产生嵌合体
直接分化	外植体产生的不定芽	外植体细胞直接分化不定芽	转化频率低、易产生嵌合体
胚状体再生	子叶、下胚轴、茎、花茎、叶、花序、子房、花药等	离体组织细胞诱导	技术复杂，诱导成功率低

1.3.1.2　紫花苜蓿基因转化技术

紫花苜蓿的基因转化技术主要为基因导入方法，目前应用的转化方法主要为农杆菌介导法、基因枪法、电击法、显微注射法及花粉管通道法等。

农杆菌介导法在紫花苜蓿基因工程领域为利用率最高，技术方法最为成熟，最实用有效，研究也最为深入翔实的基因转化方法。紫花苜蓿有关农杆菌介导法导入外源基因的文献报道十分广

泛，成功案例相对较多。综合相关文献报道显示，农杆菌介导法基因转化载体通常包含两大系统，分别为根癌农杆菌的 Ti 质粒系统和发根农杆菌 Ri 质粒系统，紫花苜蓿转基因研究也基本基于以上系统开展，两大系统比较，Ti 质粒系统为目前研究最多、理论基础最清楚，技术方法最成熟的苜蓿基因转化途径。最早报道苜蓿农杆菌介导法途径获得转基因植株的为 Deak 和 Webb，1986 年，他们分别通过该方法将 *npt* Ⅱ基因导入紫花苜蓿中，获得了可育抗性植株。国内外利用农杆菌介导转基因改良苜蓿基因类型丰富多样，几乎涵盖了苜蓿转基因领域绝大多数基因类型，抗病基因如抗病毒基因转入，Hill 等转入苜蓿花叶病毒 AMV 外壳蛋白基因，明显提高了苜蓿对 AMV 的抗性。抗虫基因转入如 Narvaez 等将马铃薯 *PI* 基因转入，基因在苜蓿叶细胞的叶泡中央累计表达，使转基因苜蓿对咀嚼类昆虫具明显的毒杀作用。抗除草剂基因转入如 Halluin D. K 等通过叶盘转化方法成功获得了抗除草剂苜蓿。抗寒基因如徐春波等将 *CBF1* 基因导入到紫花苜蓿中，成功获得抗性植株。抗旱基因如聂利珍将抗旱基因沙冬青脱水素基因转入到中苜 2 号紫花苜蓿中，获得了抗性转基因植株。耐盐碱基因如王国良将 *BADH* 基因转入到紫花苜蓿中成功获得抗盐转基因苜蓿植株。在提高苜蓿品质及产量方面，Wandelt 等将豌豆球蛋白基因成功导入苜蓿，结果表明转基因苜蓿的球蛋白含量得到大幅提升。Tabe 等将富含硫氨基酸的 *SSA* 基因导入苜蓿，使其 SSA 蛋白含量提升到叶片可溶性蛋白的 0.1%。Suman Bagga 等为提高苜蓿蛋白中含硫氨基酸的含量，将控制玉米蛋白表达的 *CaMV 35S—zein* 和 *CaMV 35S—zein* 基因分别导入苜蓿，研究结果显示，苜蓿蛋白中含硫氨基酸的含量明显提高。L. Span 等利用发根农杆菌转化苜蓿，获得了在根系表型上须根发达的苜蓿新品种；吕德扬等利用发根农杆菌将高含硫氨基酸蛋白 *FINP* 基因和发根 *rol* 基因转入苜蓿，使共转化植株蛋白含量及产量同时得到提升。在动物免疫反应方面，Wigdorovitz 及 Dus Santos 等把 FMDV 结构蛋白 *VP1* 基因导入苜蓿，饲喂小鼠后发现小鼠对口蹄疫病毒产生免疫反应。基础研究方面，Webb 用 5 种农杆菌对紫花苜蓿进行遗传转化，发现有的农杆菌不能使紫花苜蓿的茎和叶柄致瘤，即农杆菌介导的转化方法在紫花苜蓿中具有寄主局限性。黎茵等分别对等对根癌农杆菌介导 *GUS* 基因苜蓿体胚转化体系、烟草 *Mn-SOD* 基因的 cDNA 序列及发根农杆菌 A4 菌株进行了苜蓿悬浮培养转化进行了研究。

综合农杆菌介导法国内外文献显示，与其他基因转化方法相比，农杆菌介导法研究的最为全面，基因工程领域涉及的苜蓿抗性提高、品质改良、生物免疫等均有报道，可见农杆菌介导法转化对于苜蓿转基因研究的重要性，农杆菌介导法优点在于操作简便，而且多数基因以单位点的形式整合到植物基因组中，不足之处在于不同基因型的苜蓿对农杆菌敏感性不同，遗传转化操作的重复性差，再生与转化部位不同易产生嵌合体等。

基因枪转化法是将外源 DNA 或 RNA 吸附于金粉或钨粉颗粒上，通过加速轰击植物外植体的靶组织，使之穿过转化受体的细胞壁，最终使外源基因整合到植物基因组中的方法。基因枪转化法简便，可转化多种组织或器官，该法与农杆菌介导法相比其优点在于外源基因可直接进入致密的可再生细胞团中，不需其他媒介，培养过程在培养基中即可完成。相关文献报道 L. Filipe Pereira 等在 1995 年首次利用基因枪转化苜蓿获得成功的案例，试验中发现，基因枪法转化频率低，近 2 100 个外植体转化后只获得了 7 株再生植株，转化不受基因型限制，众多外植体基因型与转化再生植株间无必然联系，转化频率低的原因可能为胚性愈伤的再生能力弱或轰击后造成的胚性能力伤害导致。Ramaiah 等用基因枪法将携带报告基因 *GUS* 的 *pBI121* 质粒导入到苜蓿花粉中，基因得以表达且该花粉授粉于雄性不育植株可获得具繁育能

力的苜蓿后代种子，进一步研究显示种子实生苗30%的幼苗有*GUS*基因的整合。基因枪转化法优势在于受体组织或器官的范围较广，无明显的宿主限制，再生频率较高的组织和器官都可以使用基因枪法，其限制因素主要为转化频率低及插入的外源基因为多拷贝，易导致基因沉默。基因枪法目前广泛应用于植物基因工程，如何提高其再生频率、打破基因沉默是研究热点，这也是苜蓿转基因应用基因枪法主要研究方向及趋势，随着研究的不断深入，难题的破解，基因枪法将与农杆菌介导法共同形成苜蓿转基因最便捷可靠的基因转化方法。

相关电击法介导在植物转基因领域主要用于禾谷类作物，在苜蓿转基因研究中相对应用较少，电击法主要是利用植物原生质体具有整合和表达外源DNA的能力，把植物细胞脱壁，经过电击或聚乙二醇处理，使细胞膜透性产生可递变化，从而使溶液中的DNA或基因进入细胞内，除了大部分DNA被细胞内酶降解以外，小部分DNA可以整合到核基因组中，并且能够较稳定的遗传下去。其优点在于一次可以转化许多原生质体，该方法对细胞无毒害作用，融和同步性好，可在显微镜下观察融合的全过程，整个过程中的参数容易控制。国内苜蓿应用最早报道为黄绍兴等在1991年曾用电击法将*GUS*基因直接导入紫花苜蓿根原生质体并获得转基因植株，之后张华在盐生杜氏藻3-磷酸甘油脱氢酶基因在苜蓿中的转化及检测研究中比较了苜蓿不同转化方法的优化，认为愈伤组织电击法以电压650V/cm，电容50μF的转化条件为最佳。电击法基于原生质体的成功分离，原生质体再生系统本身存在弊端，即分离难，转化效率低，即使产生无性系后其体细胞变异通常也较大，相应仪器设备要求条件高且价格昂贵，这些限制性因素导致该方法使用率低，因此电击法介导常作为苜蓿转基因的一个辅助性方法使用。

显微注射法为物理方法，为比较经典的转基因技术，理论及技术原理简单，自产生以来主要用于动物细胞或卵细胞的基因转化、植物核移植及细胞器的移植方面。显微注射法在动物转基因应用较多，成果丰富，在植物细胞水平开展该项技术研究相对较少。苜蓿显微注射法 Reich 等有过报道，研究以苜蓿原生质体细胞核为受体，核内注射 Ti 质粒，转化率达到 15%~26%。显微注射法优点在于材料无局限性、实验过程不产生受体细胞药物毒害、方法简单。显微注射的局限性在于对操作技术要求极高，精密型强，注射过程效率低（表 1-2）。显微注射在植物上应用近些年来取得一些成果，理论和技术上都有所创新，且主要研究集中在作物和蔬菜转基因研究上，对于苜蓿转基因而言，显微注射法仍有许多空白待研究。

相关花粉通道法苜蓿研究较少，花粉通道法以生物自身的种质细胞为媒体，特别是植物的生殖系统的细胞（花粉、卵细胞、子房、幼胚等），将外源 DNA 导入完整植物细胞，实现遗传转化，这种导入基因技术称为种质转化系统，换句话来说，基因转移主要是利用花粉管通道，利用子房、幼穗及种胚注射外源 DNA 等方法导入外源基因。花粉管通道法在转基因实践中发现，其优势在于对外源 DNA 要求低，技术基于植物整体水平上的转化，方法简便易行，可与常规育种紧密结合，限制性因素主要为重复性差，成株转化率低及外源 DNA 整合机制不清楚等问题。我国花粉通道法转基因最早始于 1983 年，为棉花转基因，目前研究也主要应用于棉花、玉米等作物。苜蓿利用该方法国内报道较少，可查阅的报道只有内蒙古大学牛一丁等有过相关报道，他分别在 2009 年和 2010 年以阿尔冈金为受体材料，将 *pPZP221* 外源基因和红树总 DNA 利用花粉管通道法进行了转基因研究，经 PCR 检测和 RAPD 检测初步整合到了受体材料中。花粉管通道法在植物遗传转化及作物育种实践已广泛应用，但在苜蓿转基因中应用较少，主要限制因素为苜蓿人工授粉工作量巨大及苜蓿自

然杂交率高。

综合比较各转化系统发现（表 1-2），5 种方法导入外源基因各具特色，应用最广泛的为农杆菌介导法和基因枪法，相应研究报道较多，研究也较为深入和成熟，其他 3 种方法在苜蓿转基因研究中有成功报道，但文献较少，研究也多处于探索阶段。紫花苜蓿 5 种基因转化系统各具局限性，研究进展差距大，在开展苜蓿转基因研究时须根据实际情况谨慎选用。

表 1-2 国内外紫花苜蓿转化技术研究进展概况

导入方法	基因载体	导入对象	局限性
电击法介导	电击或聚乙二醇	原生质体	原生质体受体再生频率低，转化效率低，无性系体细胞变异较大，仪器昂贵
显微注射法	玻璃微量注射针	细胞核、细胞器	精密操作的技术和低密度培养的基础，注射速度慢、效率低
基因枪转化法	金粉或钨粉颗粒	组织活细胞	转化频率低，外源基因多为多拷贝，易导致基因沉默
农杆菌介导法	根癌农杆菌 Ti 质粒 发根农杆菌 Ri 质粒	细胞	具宿主局限性，重复性差
花粉通道法	含目的基因 DNA 溶液	生殖系统的细胞	重复性差，成株转化率低，外源 DNA 整合机制不清楚

1.3.1.3 紫花苜蓿遗传改良

利用转基因技术进行苜蓿遗传改良国内外研究主要集中在改良苜蓿品质，提高抗病、抗虫、抗除草剂及抗逆性能力等几个方面。

在品质改良方面，紫花苜蓿作为世界上最重要的饲草料，其品质改良一直是苜蓿转基因的主要研究方向之一，相对于常规育种，转基因技术具有改良苜蓿品质快捷、准确的特点。目前国内外相关研究主要集中在降低木质素含量，提高硫氨基酸及单宁含量3个方面，提高硫氨基酸含量主要目的为提高产毛量及牲畜质量；单宁控制家畜臌胀病发生的主要成分，其含量提高有利于降低发病率；降低木质素含量则可以有效提高牧草的消化率。相关研究报道，如2000年吕德扬等采用农杆菌介导法将高含硫氨基酸蛋白基因转入苜蓿，获得硫氨基酸含量有明显提高再生植株。Avraham等将胱硫醚合成酶基因*AtCGS*导入紫花苜蓿中，所获得的转基因株系具有更高水平的蛋氨酸和半胱氨酸含量。Bagga等将含高硫氨基酸含量的玉米蛋白编码基因通过农杆菌介导法转入紫花苜蓿中，使转基因紫花苜蓿的含硫氨基酸含量得以提升。转入外源基因降低木质素含量报道，如Baucher于1999年用反义RNA技术降低了苜蓿植株中催化木质素合成的肉桂醇脱氢酶的活性，使木质素的溶解性和消化率大大提高。Reddy等降低了苜蓿4-香豆酸-3-羟化酶的含量，使转基因紫花苜蓿中木质素的含量下降，提高了消化率。Shadle等通过转基因降低紫花苜蓿莽草酸羟基肉桂酰基转移酶含量，从而使木质素的含量明显降低，消化率提高。转入外源基因提高单宁含量报道如Gruber等将玉米花青素类化合物合成相关基因*Lc*转入紫花苜蓿中，获得花青素的含量高的转基因植株。

在抗病虫方面，苜蓿本身具有较强的抗病虫能力，相比较作物而言，苜蓿病虫害发生概率低，但作为世界上最重要的牧草，其抗病虫转基因研究仍在紫花苜蓿中得以广泛开展，在以往的研究报道中，专一针对苜蓿病虫害的转基因研究较少，主要相关文献多为功能验证性研究。苜蓿抗病基因工程技术中导入病毒外壳蛋白基因，进一步产生病毒抗体为专一针对苜蓿病害的最成功方法之一，相关报道显示，曾有学者将苜蓿花叶病毒的*CP*基因转入苜蓿中，转基因植株抗该病毒能力明显提高，并附带产生PVX、CMV、TMV等病毒抗性。苜蓿转抗病基因功能验证性研究报道相对较多，研究内容主要为作物、蔬菜等抗病害基因转入

到苜蓿植物上进行功能性验证，如 Hipskind 等将花生中白藜芦醇合成酶基因 *RS* 转入紫花苜蓿中，提高了转基因苜蓿对轮纹病的抗性。Mizukami 等将来源于水稻中的几丁质酶基因 *RCC2* 转入紫花苜蓿中，转基因植株对丝核菌产生了抗性。Yang 等克隆了截型叶苜蓿持家基因 *RCT1*，进一步转化到紫花苜蓿中，结果显示，转基因植株对炭疽病的广谱抗性大幅增强。苜蓿抗虫研究主要以转入杀虫结晶蛋白基因、蛋白酶抑制剂基因和外源凝集素基因为报道方向，且主要也为验证性研究。Javie 等将番茄蛋白酶抑制基因转入苜蓿，转基因植株对鳞翅目昆虫具有良好的抗性。Strizhov 等将杀虫结晶蛋白基因转入苜蓿，基因表达后转基因植株对害虫海灰翅叶蛾和甜菜叶蛾的抗性均明显提高。Samac 等将水稻半胱氨酸蛋白酶抑制剂Ⅰ基因和Ⅱ基因导入紫花苜蓿中，通过 GUS 染色观测到基因在紫花苜蓿叶和根部表达，转基因植株对根腐线虫抗性明显提高。

在抗除草剂方面，伴随着化学工业的迅猛发展，畜牧业生产中使用除草剂防除杂草已应用越来越广泛。紫花苜蓿种子细小，苗期生长较慢，除草的使用严重影响紫花苜蓿生长发育。近年来，基因工程领域抗除草剂研究主要在两方面开展：一是使用修饰除草剂作用的靶蛋白，利用该蛋白降低除草剂敏感性，或促其过量表达以使植物吸收除草剂后仍能进行正常代谢。二是为引入酶或酶系统，进而在植物体内降解或消除除草剂毒性。相关紫花苜蓿转抗除草剂基因研究报道主要转入 *Bar* 基因产生抗性为主，如 Kathleen 等以农杆菌介导，将两种不同的 *chimeric bar* 基因导入苜蓿，田间检测喷洒 glufosinate-ammonium 除草剂后，转基因植株具有明显抗性，对照则生长不良。刘艳芝等将其编码 *Bar* 基因通过农杆菌介导的方式导入紫花苜蓿中，在 5mg/LBasta 除草剂条件下，转基因苜蓿能够正常生长。其他相关报道如美国孟山都公司将 *Epsps* 基因转入到苜蓿中，后代转基因植株表现出了对除草剂 Roundup 良好的抗性。抗除草剂转基因苜蓿在生产投放方面，美国草业育种工作者利用基因工程方法培育出的抗 Basta 除草剂苜蓿品种现已完成田间安全性评估，该品种有望成为世界上第一个用于大田生产的转基因牧草品种。

在抗逆方面，紫花苜蓿在世界范围内栽培分布气候带跨度大，常伴有干旱、寒冷、盐碱等逆境条件，其基因工程抗逆性研究也主要以提高苜蓿抗寒性、抗旱性及耐盐碱性为研究目的。低温、干旱是限制植物地理分布及生物产量的重要因素，也是危害畜牧业生产的主要自然灾害，土地盐碱化是导致农作物减产的主要原因之一，也是制约农业、畜牧业发展的重要因素。综合苜蓿基因工程研究报道发现，转入抗性基因提高紫花苜蓿抗逆性研究最多，转入的抗逆基因涵盖各种逆境，可见转基因技术在苜蓿植物中应用主要为抗逆基因开发及导入。目前，从多种植物、细菌及人工合成的抗性基因不断进入研究人员的视野，据何平等不完全统计，2000 年以后应用于紫花苜蓿提高抗逆性的基因有近 20 个，这些基因分别来源于 10 余种植物，苜蓿抗逆转基因研究正处于大发展阶段。相关紫花苜蓿转抗逆基因研究文献数量大，几乎各国科研人员均在做，相应文献包括组培、基因提取、基因转化、基因表达鉴定、田间后代检测等覆盖了基因工程各个环节，转入的各种基因用于各种逆境抗性提高。如转入抗寒性紫花苜蓿基因研究报道，Mckersie 及 Hightower 等将烟草的 Mn-SODcDNA 转入苜蓿，经田间试验转基因苜蓿的抗寒性明显增强。转入耐盐碱性紫花苜蓿基因研究报道，Li 等从耐盐植物苏打猪毛菜中分离出 NHX 编码基因 *SsNHX1* 转入紫花苜蓿中，转基因株系在 400mmol/L NaCL 条件下生存超过了 50d，这是迄今为止报道的植物抗盐性研究的最高水平。Winicov 等将 *Alfinl* 基因导入苜蓿中，增强了盐诱导的 *MsPRP2* 基因的表达，植株耐盐性得到了提高，并且生长速度加快。转入抗旱性紫花苜蓿基因研究报道，

Zhang等从截型苜蓿中克隆出具有AP2结构域的编码基因*WXP1*，转入紫花苜蓿中，植株抗旱、抗寒性得到了加强。Bao等将拟南芥H^+-PPase基因*AVP1*转入紫花苜蓿中进行超量表达，转基因植株在缺水条件下生长良好，抗旱性提高。

在生物反应器及植物可饲疫苗方面，随着紫花苜蓿基因工程研究的深入，相关以紫花苜蓿作为生物反应器表达外源蛋白也已成为一个热点研究领域。研究报道显示紫花苜蓿基因组特异性分子标记可促进有利基因从苜蓿野生种向栽培种的逐渐渗透，Austin等将α-淀粉酶和木质素过氧化物酶Mn-P转入苜蓿，以期生产工业用酶的高水平表达。Bellucci等将融合蛋白Zeolin的基因导入到紫花苜蓿中，其表达量可达0.22~0.28mg/g鲜叶，较对照比较明显提高了转基因苜蓿该蛋白含量。在植物可饲疫苗研究方面，因紫花苜蓿本身不含有毒性物质，所以紫花苜蓿可作为生产植物可饲疫苗的理想材料。1999年，Wigdorovitz等第一次将口蹄疫FMDV病毒结构蛋白基因*VP1*转入紫花苜蓿中，苜蓿材料饲喂小鼠发现，小鼠对口蹄疫产生了抗性。黎万奎等将构建有肝片吸虫保护性抗原基因*FH3*的植物表达载体pBI121导入感受态的根瘤农杆菌，以重组的根瘤农杆菌为介导，用叶盘法转化苜蓿，得到了转基因植株，为生产抗肝片吸虫可食植物疫苗奠定了基础。目前，紫花苜蓿利用基因工程技术作为生物反应器及生产植物可饲疫苗研究方兴未艾，该领域已成为体现苜蓿经济附加值的增长点。

综合国内外研究进展显示，利用转基因技术遗传改良紫花苜蓿主要研究报道集中在抗逆性改良及品质改良研究方面，这与基因工程遗传改良的快捷性有关，通过转基因可以快速解决常规育种难题，从而有效提高植物的抗性及品质，进而短期内完善苜蓿遗传特性，抗逆性及品质遗传改良目前为苜蓿基因工程研究的核心。在抗病虫、抗除草剂及生物反应器等遗传改良方面，紫花苜蓿基因工程研究也在稳步开展，且在研究中也逐步发现转基因技术的优势，随着研究的深入及技术的成熟，这几方面的研究有望成为苜蓿基因工程研究的新热点。

1.3.2 黄花苜蓿基因工程研究进展

黄花苜蓿基因工程研究起步较晚，目前研究主要停留在抗性基因克隆方面，我国相关研究报道始于 2007 年，研究单位主要为内蒙古农业大学、内蒙古大学、华南农业大学及新疆农业大学。

最早的黄花苜蓿抗性基因克隆始于 2007 年，为黄花苜蓿抗寒基因克隆，2007—2009 年华南农业大学郭振飞等在实验室构建黄花苜蓿冷响应消减文库并进行筛选，先后发现受冷诱导黄花苜蓿基因 *EREBP* 基因和 *MfPRP* 基因，通过采用同源基因序列设计简并引物，通过 RT-PCR 扩增获得了黄花苜蓿基因的 DNA 全长，完成了基因的克隆、表达及鉴定；新疆农大 2010—2012 年曾光等克隆了黄花苜蓿 *MfNHX* 基因和 *MfP5CS* 基因，对其功能记性了分析，于万里对新疆黄花苜蓿 *matK* 基因和 ITS 序列进行了分析，测得 *matK* 基因序列全长。刘芳对新疆黄花苜蓿再生体系建立及农杆菌介导 *AK-APR* 基因转化进行了研究，目的通过该基因提高黄花苜蓿硫氨基酸含量，研究结果获得转 *AK-APR* 基因黄花苜蓿阳性植株 3 株；2010—2016 年内蒙古农业大学刘亚玲等在克隆了黄花苜蓿 *LEA3* 基因片段 *MfLEA3-1*、*MfP5CS-1*、*MfCAS15B* 和黄酮醇合成酶 *MfFLS1* 基因，并对其生物信息学进行了分析，克隆的相关基因 *MfLEA3-1* 为耐旱基因，*MfP5CS-1* 为耐盐基因，*MfCAS15B* 为抗寒基因，*MfFLS1* 黄酮醇合成酶基因；2013 年内蒙古大学胡日都胡等将黄花苜蓿 *MfDREB1* 和 *MfDREB1s* 基因转化到模式植物烟草及紫花苜蓿中，均获得了 T1 代转基因阳性植株，转基因植株抗寒特性显著提高；2013 年草

原研究所刘青松等进行了黄花苜蓿盐胁迫诱导基因的克隆及序列特征分析，获得基因片段，为克隆黄花苜蓿抗盐胁迫基因全长奠定了基础。

黄花苜蓿抗性强，具有丰富的抗性基因，在抗寒、抗旱、耐盐等基因开发方面均有较大潜力，相关研究也主要集中在抗性基因获取与利用，随着研究的深入及牧草种植带的不断扩大，黄花苜蓿基因工程研究将呈现多方向发展趋势，黄花苜蓿在苜蓿属植物基因工程领域的应用也将日益广泛。

1.3.3 转基因苜蓿安全性问题

苜蓿转基因研究始于20世纪80年代，随着转基因理论及技术的完善，近20年为其大发展时期，各种技术及基因先后开发问世，转基因在苜蓿上的应用呈现快速化及多元化趋势，但随着研究的深入，转基因苜蓿大田释放安全性、基因漂移、毒性物质产生等问题也陆续显现。

同其他转基因作物一样，转基因苜蓿向大田释放具有风险性，主要表现为转基因苜蓿为人工修饰物种，转入抗性强、生长迅速等基因，释放后转基因苜蓿相对于自然界其他物种具强的竞争性，其结果有可能打破生态平衡，使该地区生物多样性降低。转基因苜蓿的另一个潜在问题在于释放后是否会产生基因漂移现象，转基因苜蓿目标基因向附近野生近缘种是否会自发转移，从而导致附近野生近缘种发生内在的基因变化形成新的物种，进而改变释放区不可预知性生态结构。此外，利用转基因手段改良紫花苜蓿性状的过程中，外源基因的表达可能会产生有毒物质，如通过转基因获得的抗病虫害和抗除草剂基因不仅对害虫产生毒害，对环境中的许多生物可能也有毒害作用。上述这些问题是转基因植物安全性的共同问题，也是转基因广受诟病的根源，如何解决转基因三大问题是限制转基因苜蓿发展的最主要羁绊。

截至目前为止，转基因苜蓿新品种几乎没有释放田间案例，相应安全性问题仍处于研究起步阶段，转基因苜蓿投放生产任重道远。

1.3.4 转基因苜蓿发展趋势和应用前景

随着基因工程技术的快速发展，国内外转基因苜蓿研究已取得了长足的进步，苜蓿转基因目前已成为遗传改良苜蓿性状、提高苜蓿抗逆性及扩展苜蓿应用范围的常规化技术。基于对国内外转基因苜蓿的研究进展分析显示，转基因苜蓿未来的发展趋势主要集中在抗逆性深入研究、完善苜蓿品质、多基因集成及苜蓿扩展应用等为领域。

苜蓿转基因抗逆性进一步研究，包括育种和基因开发研究方向，育种方面需在现有基础上，转基因株系进一步育成转基因品种，基因开发方面主要为抗性基因进一步开发，包括对现有基因的田间验证及新型基因的克隆等。遗传改良方面主要发展趋势为如何进一步转基因完善苜蓿品质改良，如单宁浓度进一步提高进而消除臌胀病等。在转基因苜蓿扩展应用方面，苜蓿被认为是“最有可能生产重组分子的植物体系”，苜蓿应用正在因转基因技术兴起曾扩大化趋势，转入特定基因后苜蓿不局限于用作牧草，其已在生物反应平台、植物食用疫苗、抗生素抗性，雄性不育性育种等领域得到应用，随着基因的不断开发，苜蓿的用途将越来越广泛，这也是转基因苜蓿最有发展潜力的发展方向之一。在多基因集成方面，综观目前全球转基因植物的发展趋势，转基因作物的种植规模将进一步扩大。研究主要是针对多基因控制的、非生物性的胁迫性状，如抗旱、耐盐和耐铝。转多基因的研究也会加快，以聚集通过传统手段无法聚集的优良性状。

就目前全球转基因植物的发展趋势来看，随着安全性评价体

系的完善，转基因植物的种植规模将进一步扩大，转基因的研究理论及技术更新速度会逐步加快，安全健康的转基因植物步入人类日常生活将成为时代发展的趋势，转基因苜蓿也有望成为最早被广泛应用的牧草转基因材料服务于人们生产生活。

1.4 *CBF* 基因研究进展

植物经常受到寒冷、干旱和盐碱等各种非生物胁迫的影响。在非生物胁迫条件下，可以通过诱导相应基因的表达来减少对植物细胞的伤害。植物对非生物胁迫性状要比抗虫病等性状复杂得多，它不是受某单一因子的影响，而是受到诸多因子的影响。所以植物对寒冷、干旱等抗逆性要想得到彻底改良，就要着手研究像转录因子等关键的调节因子。CBF（C-repeat bing factor）转录因子在逆境条件下能激活下游含有 CRT/DRE 顺式作用元件的 COR（cold-regulated）基因的表达，使植物抗寒冷、干旱及盐碱的能力得到提高。

1.4.1 *CBF* 基因简介

拟南芥 *CBF* 基因包含 *CBF1*~*CBF6*。1997 年 Stockinger 首次从拟南芥 cDNA 中克隆出 *CBF1* 基因，来又陆续克隆出 *CBF2*、*CBF3* 基因。Haake 在 2002 年克隆了 *CBF4*。Shinozaki 的研究表明过量表达 *CBF1* 基因不仅能提高拟南芥植株抗冻性，还可以提高其抗旱性，因此把 *CBF1* 又称为 *DREBI*（DRE-dinding 1）。*CBF1*、*CBF2*、*CBF3* 基因则分别被命名为 *DREBlb*、*DREBla*、*DREBlc*。当拟南芥基因组完成测序后，又分离出了 *CBF5*、*CBF6*。之后，科学家们又相继从别的物种分离出了 *CBF* 基因。如 Jaglo 从油菜中，Hsieh 等从小麦和黑麦中，Choi 等从大麦中，Burren 在玉米中，Dubouzet 等在水稻中，Qin 等在玉米中，Tang

等在羊茅上，Xiong 和 Fei 在黑麦草上，Gamboa 等在蓝桉上均克隆到了 *CBF* 基因。

1.4.2 *CBF* 基因结构关系

CBF1 基因的启动子中有与 LTRE 元件存在 1 个核苷酸差异的序列，为 CCGTC 序列。*CBF* 基因家族中 *CBF1*、*CBF2*、*CBF3* 亲缘关系较近，与 *CBF4* 亲缘关系较远，*CBF1* 编码 213 个氨基酸，*CBF2*、*CBF3* 编码 216 个氨基酸，编码 224 个氨基酸，*CBF1*、*CBF2*、*CBF3* 相同氨基酸达 88%，而 *CBF4* 仅有 63% 的氨基酸与其他 3 种相同。它们之间紧密连锁，顺序排列在拟南芥 4 号染色体上，而 *CBF4* 则排列在拟南芥 5 号染色体上。在 CBF 蛋白中含有特异氨基酸 PKKPAGRKKFRETRHP 和 FADSAWR，其中有与蛋白激酶 C 和酪蛋白激酶Ⅱ结合的位点。

1.4.3 *CBF* 基因的表达

拟南芥 *CBF1*、*CBF2*、*CBF3* 基因是低温诱导表达和不依赖 ABA 的，干旱诱导表达的 *CBF4* 基因是依赖 ABA 的，*CBF5*、*CBF6* 基因则不受低温调控。Novillo 等研究表明拟南芥 *CBF1*、*CBF2*、*CBF3* 基因在破晓后 4h 时表达量最高，16h 时表达量最低，受生物钟的调控。*CBF* 基因存在 HOS、SIZ、MYB 等一些负调节因子，HOS 通过降解 CBF 蛋白对 *CBF* 基因进行负调控，SIZ 对 ICE 的表达没有影响，能抑制 *CBF* 基因的表达（特别是 *CBF3* 基因）。*CBF* 基因还存在正调节因子，Guo 等发现，当 LOS4-1 基因发生突变后，突变植株的抗寒能力明显减弱，发现了 *CBF* 基因正调节因子。低温条件下 ICE 处于激活状态，从而提高 *CBF* 基因的表达量，是 *CBF* 基因正调节因子。

1.4.4 *CBF* 基因作用机理

Yamaguchi-Shinozaki 和 Shinozaki 研究发现在拟南芥 RD29A 基因的启动子区域含有 CCGAC 的 DRE 顺式元件，Baker 等将 CCGAC 称为 CRT（C-repeat）。在逆境条件下，CBF 蛋白-CRT/DRE 复合体能激活启动子含有 CRT/DRE 元件下游基因的表达来提高植株的抗逆性。CBF 转录作用存在两种类型：一是低温下 *COR* 基因由于 CBF 蛋白局部冷变性使其转录作用被启动，更易于 CBF 与启动或激活转录的因子相互作用；二是低温条件下存在的一些因为 CBF 蛋白的局部冷变性被释放出来导致转录，而常温下这些辅因子则与 CBF 结合遏制转录。

1.4.5 国内 *CBF* 基因的研究与应用

CBF 基因家族成员在植物抗寒、抗旱及抗盐碱方面起着很大的作用。有研究发现，在拟南芥中过量表达 *CBF1* 和 *CBF3* 基因，植株的抗冷性明显提高，不仅能提高 COR 蛋白的含量，而且 Pro 及可溶性糖的含量也大大提高，包括蔗糖、棉籽糖、葡萄糖和果糖等，并认为 *CBF* 基因是冷驯化反应途径中的主要“开关”。甄伟等将 *CBF1* 转入油菜和烟草的试验表明，转基因油菜的抗寒性明显提高，转基因烟草的抗寒性也有一定提高。Hsieh 等将拟南芥的 *CBF1* 转入番茄后，转基因植株的脯氨酸浓度增大、过氧化氢酶活性增强、过氧化氢浓度降低，在正常条件和干旱胁迫下都比野生型植株表现出更强的抗旱能力。金建凤等将拟南芥的 *CBF1* 转入水稻后，提高了植株的脯氨酸含量，同时转基因植株抵御寒冷的能力明显提高。Ito 等将 *OsCBF* 基因转入水稻后，Pro 及可溶性糖的含量大大提高，水稻的抗寒性、抗旱性、抗盐性都得到提高。对转 *CBF1* 基因草莓杂交后代低温处理下进行电导率测定，结果表明其相对电导率显著低于对照植株，抗寒

性得到提高。在转 *CBF1* 基因地被石竹进行抗寒性生理指标测定时，发现低温下 Pro 含量转基因植株较对照植株明显升高，相对电导率和 MDA 含量则显著低于对照，这就表明转基因后地被石竹的抗寒性增强。

通过对转基因玉米后代进行叶片相对含水量、离子渗漏率、丙二醛含量、可溶性糖及脯氨酸含量等生理指标测定，结果表明转基因玉米的抗旱性和耐盐性均得到明显提高。还有将 *CBF1* 基因导入马铃薯的报道，但只进行到分子检测部分，没有对其抗逆性进行检测。沙丽娜实验结果表明，将棉花冷诱导转录激活因子 *CBF* 基因转入烟草中，转基因烟草的电导率和丙二醛含量均低于非转基因烟草的含量，然而转基因烟草的可溶性糖含量高于非转基因烟草的含量。转基因株系明显提高了对低温胁迫的抵抗力。将 *CBF* 基因转入橡胶、黄瓜和番茄研究中，获得了经 PCR 检测的部分转基因黄瓜及橡胶植株，初步证实目的基因已整合到它们的基因组中。袁维风和金万梅利用根癌农杆菌介导法将 *CBF1* 导入草莓的不同品种中，采用电解质渗漏法对转基因株系进行抗寒生理鉴定结果显示，转基因株系的电导率普遍低于对照。金万梅采用生长恢复法抗寒鉴定结果表明，将转基因株系和对照于−2～0℃放置 7d，在转基因株系 83 中有 65%的植株出现了萎蔫，而对照植株有 91%出现了萎蔫，经 22～25℃下进行恢复生长，转基因株系 83 有 74%完全恢复，而对照株系只有 18%恢复。转 CBF 苹果植株低温处理后，游离脯氨酸明显高于未转化苹果植株。将拟南芥 *CBF1* 和 *CBF3* 转化百子莲的研究中，获得了抗性筛选植株，进一步 PCR 检测结果表明在百子莲转化植株中含有目的基因。周静等对安祖花进行 *CBF1* 基因遗传转化研究中，结果筛选出 AS 浓度为 100μmol/L、浸染时间为 10min 时安祖花抗性愈伤组织的存活率和分化率最高。王渭霞等将来源于拟南芥的 *CBF1* 基因通过农杆菌法导入松南结缕草植株中，PCR

验证后 187 株表现为阳性。阳性植株移栽成活后，离体叶片抗巴龙霉素检测表明 187 株均表现出抗性。在高羊茅转 *CBF* 基因研究中，分别获得了 22 株转 *CBF3* 基因和 24 株转 *CBF4* 基因 PCR 阳性植株。对转 *CBF1* 基因多年生黑麦草的叶片进行脯氨酸含量测定表明，干旱处理下，转基因植株叶片脯氨酸含量比对照显著提高。王渭霞等将 *CBF1* 基因转入匍匐翦股颖，结果表明，非胁迫条件下转基因植株游离脯氨酸含量为对照的 5 倍。钟克亚将拟南芥 *CBF3* 基因导入热研 5 号柱花草，获得了 4 株 PCR 阳性转化植株。杂交狼尾草转化 *CBF1* 基因研究中，成功获得了转基因再生植株。将 *CBF3* 基因转化扶芳藤研究中，获得了抗生素筛选阳性株系，PCR 检测结果显示 *CBF3* 基因已经整合到扶芳藤基因组中。段红英等将油菜 *CBF1* 基因转入拟南芥研究中，获得了具有抗性的转基因拟南芥幼苗，其表现为叶片比较大，根特别长。

1.4.6 国外 *CBF* 转录因子的研究与应用

随着 *CBF* 基因家族的陆续发现，国外研究热点主要集中在 *CBF* 基因表达、调节、调控及对植物生长机理的影响方面。

在基因的表达、调节及调控方面，Fowler 等从拟南芥 8 000 个基因中认定了受 *CBF* 的调节的近 300 个基因。Novillo 等认为拟南芥 *CBF* 下游部分基因使 CBF 的植株表达量降低，部分不影响表达量，这与启动子原件含量多少有关，此外表达过程被打断有可能提高植株抗寒能力，即 *CBF* 系列基因存在负调控现象。Gilmour 等命名了 ICE，Chinnusamy 等研究发现，ICE 蛋白在低温环境下可被激活，ICE1 缺失，*AtCBF2* 的表达受 *AtCBF3* 的负调节。除 ICE 基因外，Lee 等还发现了调控蛋白 HOS1。Shinwari Z. K 等筛选分离了 HOS1－1 突变体。S. Kidokoro 等分离了 *bHLH* 类转录因子 PIF7。C. J. Doherty 等研究表明，*CAMTA3* 基因编码的蛋白可识别 *CBF1*、*CBF2* 启动子内的特定序列。Kasuga M 等比较了 35S 组成性启动子和冷诱导基因 *rd2A* 启动子驱动的 *CBF* 转基因烟草的抗低温能力和生长状况。

在生长机理及应用方面，*CBF* 基因通常被认为对植物生长存在抑制现象，其影响机理 Achard 等认为 *CBF* 基因的持续累积表达可使植物中的细胞核抑制性蛋白 DELLA s 大量积累。Sharabi-Schwager 等进一步研究发现，拟南芥中过表达 *CBF2* 可使叶片及植株延迟衰老。Hsieh T. H 等研究发现，*CBF* 基因使番茄自由基减少，植株抗性明显增强的同时，生长趋于矮化，且该性状产生遗传。

CBF 转录因子在牧草上的应用主要涵盖基因分离和基因转入，基因分离方面因牧草通常野生分布于自然界，相对驯化材料具更高的适应性和抗性，从牧草中分离抗性基因一直是改良牧草、作物等最为有效的手段，Agarwal 等从珍珠粟中分离出 *DREB2A* 基因，Tamura 等从多年生黑麦草从分离出 *CBF* Ⅰ*a*、*CBF* Ⅰ*b*、*CBF* Ⅱ、*CBF* Ⅲ*a*、*CBF* Ⅲ*b*、*CBF* Ⅲ*c*、*CBF* Ⅳ*a*、*CBF* Ⅳ*b*、*CBF* Ⅴ*a*、*CBF* Ⅴ*b* 基因，Brutigam 等从燕麦分离出 *CBF1*、*CBF2*、*CBF4* 及 *DREB2* 基因。牧草中转入 *CBF* 基因，James 等将野大麦 *DREB1A* 基因利用基因枪转化方法转入到百喜草中，使百喜草抗寒性得以提高，*CBF* 基因分离与转入，近些年一直是国内牧草工作者探讨的热点，相对于国外，我国牧草工作者做了大量的 *CBF* 抗性基因分离与转入，牧草涉及高羊茅、狼尾草、冰草、紫花苜蓿等，我国在应用 *CBF* 基因方面处于领先地位，国外更侧重于机理研究。

1.4.7 *CBF* 转录因子的应用前景

低温和干旱等逆境条件，在很大程度上影响了植物的生长、发展、生存及分布。在低温和干旱条件下，通过诱导相应基因的表达和发生一系列生理生化变化，可以减少逆境对细胞的伤害。

植物的耐逆性与抗虫、抗病等性状相比属于复杂的数量性状，是多种耐逆机制共同作用的结果。用单一的功能基因转化植物，虽能使转基因后代的耐冷性、耐旱性或耐盐性得到提高，但效果并不十分理想。*CBF* 转录激活因子可以调控多个与植物干旱、高盐及低温耐性有关的功能基因的表达。因此，利用 *CBF* 转录因子来改良植物抗逆性，比起单纯地使用下游的某种单基因来改变植物的抗逆性，更可以获得较为理想的综合效果，这为基因工程改良植物耐逆性提供了一种全新的技术途径，具有广大的应用前景。

1.5 研究目的及意义

近年来，随着我国草地畜牧业的发展和农业产业结构的调整，草产业呈现出强劲的发展势头。苜蓿作为草产业发展的主导草种，它在北方高纬度、冬季严寒、倒春寒常出现等地区的安全越冬问题，一直是制约上述地区草产业健康发展的突出问题。选择抗寒性强的苜蓿品种，是解决这个问题的途径，但在我国现有的苜蓿品种中抗寒并且高产的优良苜蓿品种较少，不能满足我国北方寒冷地区草产业快速发展的需求。通过引种国外苜蓿品种虽然可以满足生产需要，但是引进苜蓿品种不仅价格高，还存在着抗逆性、适应性等方面问题，尤其是在抗寒性方面不能适应我国北方高纬度等地区的恶劣气候条件。例如，吉林省双辽市 2001 年种植美国 CW 系列苜蓿品种 1 000hm^2，2002 年春季大部分死亡，虽有零星返青植株，但已无继续保留的价值，使当地的生态建设和农村经济发展受到了严重的损失。因此，如何在短时间内培育出适合我国北方高纬度等地区种植的抗寒高产苜蓿新品种，便成为一个亟待解决的问题。

以往苜蓿的抗寒性遗传改良依赖于常规育种技术。但传统的育种方法进展缓慢，周期长，而且短期内性状表现不明显，因此仅靠常规技术快速培育出抗寒高产的苜蓿新品种十分困难。转基因技术的快速发展和在苜蓿育种中的应用，为快速选育抗寒高产苜蓿品种提供了新的研究手段。

在国内外有关苜蓿抗寒转基因的报道中，主要是利用超氧化物歧化酶基因（SOD）来提高苜蓿抗寒性，利用冷诱导基因的转录因子 *CBF1* 来提高苜蓿抗寒性的研究较少。*CBF1* 转录激活因子是一类受低温特异诱导的反式作用因子。它们能与 CRT/DREDNA［C-repeat/dehydration-responsive element（DRE）DNA binding protein］调控元件特异结合，促进启动子中含有这一调控元件的多个冷诱导和脱水诱导基因的表达，从而激活植物体内的多种耐逆机制。综合国内外 *CBF1* 相关研究表明，超表达 *CBF1* 基因的植物抗寒性较未转基因植物有明显提高。

本研究旨在通过基因工程技术，从拟南芥中克隆得到冷诱导转录因子 *CBF1* 基因，并通过农杆菌介导法将其转入到优质高产的苜蓿材料中，将转化植株进一步开展分子检测、抗寒性及田间鉴定形成株系，最终筛选出抗寒高产的转基因苜蓿新材料。研究为快速培育出适合北方高纬度、冬季严寒地区种植的抗寒高产苜蓿新品种奠定了转基因基础，为苜蓿材料转基因改良应用提供了系统的研究模式。

1.6 研究内容及技术流程

试验受体植物材料选取在我国北方地区栽培面积较大，具代表性的紫花苜蓿中苜 1 号、公农 1 号和国外苜蓿引进材料猎人河品种，中苜 1 号抗性相对较强，产量高，公农 1 号叶大、产量特性好，抗寒性强，猎人河为国外引进代表性品种，适应性好，产量高，品质好。研究内容包括组培再生体系建立、*CBF1* 基因克

隆及植物表达载体构建、紫花苜蓿遗传转化、转化植株分子检测、抗寒生理指标鉴定等。

研究具体技术路线见图 1-1。

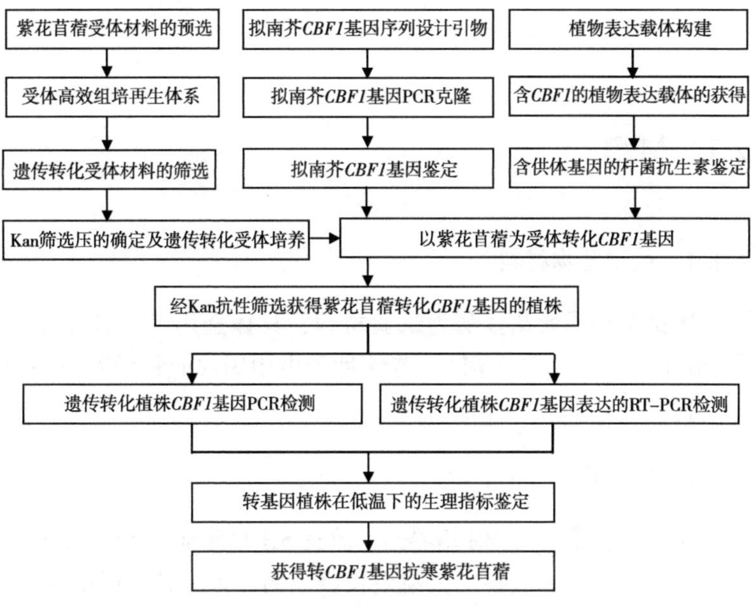

图 1-1 研究技术路线

2 紫花苜蓿高效组培再生体系建立

2.1 材料

2.1.1 供试植物材料

本试验选择紫花苜蓿为试验材料，具体选用‘中苜 1 号’，‘公农 1 号’和‘猎人河’。苜蓿种子由中国农业科学院草原研究所提供。

2.1.2 培养基

试验培养基为对 MS 培养基、改良 SH 培养基和 MSO 培养基等基本培养基中添加各种植物生长调节物的再生各阶段培养基。MS 培养基、改良 SH 培养基和 MSO 培养基的成分见表 2-1。

表 2-1 基本培养基成分

类型	组分	MS 培养基	改良 SH 培养基	MSO 培养基
大量元素	KNO_3	1 900.0	2 830.0	1 900.0
	NH_4NO_3	1 650.0	463.0	1 650.0
	$MgSO_4 \cdot 7H_2O$	370.0	185.0	370.0
	KH_2PO_4	170.0	400.0	170.0
	$CaCl_2 \cdot 2H_2O$	440.0	166.0	440.0

（续表）

类型	组分	MS 培养基	改良 SH 培养基	MSO 培养基
微量元素	$MnSO_4 \cdot 4H_2O$	22.300	—	22.300
	$ZnSO_4 \cdot 7H_2O$	8.600	8.600	8.600
	H_3BO_3	6.200	—	6.200
	KI	0.830	—	0.830
	$Na_2MoO_4 \cdot 6H_2O$	0.250	0.250	0.250
	$CuSO_4 \cdot 5H_2O_4$	0.025	0.025	0.025
	$CoCl_2 \cdot 6H_2O$	0.025	0.025	0.025
铁盐	Na_2-EDTA	37.30	37.30	37.30
	$FeSO_4 \cdot 7H_2O$	27.80	27.80	27.80
有机物	甘氨酸	2.000	—	—
	盐酸吡哆辛	0.500	9.500	1.000
	盐酸硫铵素	0.100	9.900	10.000
	烟酸	0.500	—	1.000
	肌醇	100.000	—	100.000
	尼克酸	—	4.500	—

苜蓿组培再生各阶段培养基：包括无菌苗培养基、愈伤组织诱导培养基、愈伤组织继代培养基、愈伤组织分化培养基和生根培养基，具体各阶段培养基及添加各种植物生长调节物配方见表2-2。

表 2-2 紫花苜蓿组培再生各阶段培养基配方

培养阶段	编号	基本培养基	添加剂及添加量（mg/L）						
			2,4-D	KT	6-BA	NAA	TDZ	水解酪蛋白	$AgNO_3$
无菌苗和生根培养	1	1/2MS	—	—	—	—	—	—	—

（续表）

培养阶段	编号	基本培养基	添加剂及添加量（mg/L）						
			2,4-D	KT	6-BA	NAA	TDZ	水解酪蛋白	$AgNO_3$
愈伤组织诱导培养	1	MS	1.0	—	—	—	—	—	—
	2	MS	2.0	—	—	—	—	—	—
	3	MS	2.0	0.25	—	—	—	2 000	—
	4	改良 SH	2.0	—	0.5	—	—	—	—
愈伤组织继代培养	1	MSO	—	—	1.0	0.5	—	—	
	2	MSO	—	—	1.0	0.5	—	—	0.5
	3	MSO	—	—	1.0	0.5	—	—	1.0
	4	MSO	—	—	1.0	0.5	—	—	1.5
	5	MSO	—	—	1.0	0.5	—	—	2.0
	6	MS	—	—	—	—	0.1	—	—
	7	MS	—	—	—	—	0.3	—	—
	8	MS	—	—	—	—	0.5	—	—
	9	MS	—	—	—	—	1.0	—	—
	10	MS	—	—	—	—	1.5	—	—
愈伤组织分化培养	1	MS	—	—	—	—	—	—	—
	2	MS	—	0.2	—	—	—	—	—
	3	MS	—	0.5	—	—	—	—	—
	4	MS	—	1.0	—	—	—	—	—
	5	MS	—	1.5	—	—	—	—	—
	6	MS	—	2.0	—	—	—	—	—

注：各培养基设置酸碱度为5.8，灭菌条件为121℃（20min），其他添加成分为蔗糖（浓度为25g/L）及琼脂（浓度为7.5g/L）。

2.2 方法

2.2.1 无菌苗培养

完整饱满的苜蓿种子→70%的乙醇消毒1min→无菌水冲洗1

次→10%次氯酸钠消毒 8min→无菌水冲洗 5~6 次→灭菌的滤纸吸干种子表面的液体→接种到无菌苗培养基上进行培养。培养室温度为昼夜 25℃和 18℃交替变温，光照时间 16h/d，光照强度设定为 1 000~2 000lx。

2.2.2 外植体制备

以子叶、下胚轴、叶片、叶柄和茎段作为苜蓿组织培养的外植体。子叶和下胚轴取培养 7d 左右的无菌苗，叶片、叶柄和茎段取培养 15d 左右的无菌苗，分别将他们剪成 3~5mm 长的小块或小段接种到愈伤组织诱导培养基中。

2.2.3 愈伤组织的诱导

将外植体分别接种到 1~4 号愈伤组织诱导培养基上，每个培养皿放置 20 个外植体，重复 5 次，20d 后分别统计不同培养基上愈伤组织诱导率。

2.2.4 愈伤组织的继代

将形成白色松软的愈伤组织转接到 1~5 号继代培养基上，每个培养皿放置 20 个愈伤组织，重复 5 次，30d 后分别统计不同培养基上胚性愈伤诱导率和褐化率，中间继代 1 次。

经过继代培养后愈伤组织虽然得到改善，胚性愈伤组织增多，但愈伤组织褐化率较高。为了降低褐化率，本试验进一步开展继代培养基的筛选试验，先将诱导出的愈伤组织在 3 号继代培养基上培养 14d 再分别移到 6~10 号继代培养基上继续培养 5d，之后再移至 3 号继代培养基上培养 10d。每个培养皿放置 20 个愈伤组织，5 次重复，对培养基上产生的胚性愈伤组织率和褐化率分别统计。

2.2.5 愈伤组织的分化

将继代培养后的愈伤组织转接到1~5号分化培养基上，每个三角瓶放置10个外植体，重复5次；每20d继代1次，40d后统计分化率。

2.2.6 生根培养

待分化出的苜蓿转化植株长到3~5cm时移植于生根培养基上进行生根培养。

2.2.7 评价指标

愈伤组织诱导率(%)=(产生的愈伤组织数/外植体数)×100

胚性愈伤诱导率(%)=(产生的胚性愈伤组织数/接入愈伤组织数)×100

愈伤组织褐化率(%)=(褐化愈伤组织数/接入愈伤组织数)×100

愈伤组织分化率(%)=(分化出芽点愈伤组织数/接入胚性愈伤组织数)×100

2.3 结果与分析

2.3.1 愈伤组织诱导培养基的选择

将紫花苜蓿无菌苗的子叶、下胚轴、叶片、叶柄和茎段为外植体，分别接种于1~4号愈伤组织诱导培养基上，培养20 d后统计愈伤组织诱导率和愈伤组织状态（表2–3）。由表2–3可以看出，在4种愈伤诱导培养基上均可以使紫花苜蓿的外植体诱导出愈伤组织，但每种培养基上的愈伤组织诱导率和愈伤组织状态

有差异。紫花苜蓿外植体在添加 2.0mg/L 2,4-D 和 0.5mg/L 6-BA 改良 SH 培养基上的愈伤组织诱导率最高，达到 97%。MS 培养基上诱导愈伤组织的效率比改良 SH 培养基低，在 MS 培养基内添加 2,4-D 和水解酪蛋白可以提高愈伤组织的效率。但 MS 培养基上形成的苜蓿愈伤组织状态松软。因此，综合考虑，选择添加 2.0mg/L 2,4-D 和 0.5mg/L 6-BA 改良 SH 培养基作为紫花苜蓿外植体最佳的愈伤诱导培养基。

表 2-3　培养基影响愈伤组织诱导率结果

培养基	外植体数	愈伤组织诱导率（%）	愈伤组织状态
1	100	73	白色松软
2	100	82	白色松软
3	100	94	白色松软
4	100	97	白色较紧实

2.3.2　继代培养基的选择

紫花苜蓿外植体在愈伤组织诱导培养基中形成的愈伤组织以白色松软水渍状的非胚性愈伤组织（图 2-1a）为主，但形成少数胚性愈伤组织（图 2-1b）。为了使后期愈伤组织能够更多地分化和提高胚性愈伤组织诱导率，本实验选择了 10 种不同组分地培养基上亟待培养愈伤组织，愈伤组织继代培养结果见表 2-4。

从表 2-4 可知，在附加不同浓度 $AgNO_3$ 的 MSO 继代培养基中添加 $AgNO_3$ 可提高胚性愈伤诱导率在 $AgNO_3$ 浓度为 1.0mg/L 时（3 号培养基）胚性愈伤诱导率达到最高 68%，当 $AgNO_3$ 浓度增至 1.5mg/L 时苜蓿外植体胚性愈伤诱导率下降，分析其原因可能为：①高浓度 Ag^+ 的对胚性愈伤产生毒害作用；②抑制作

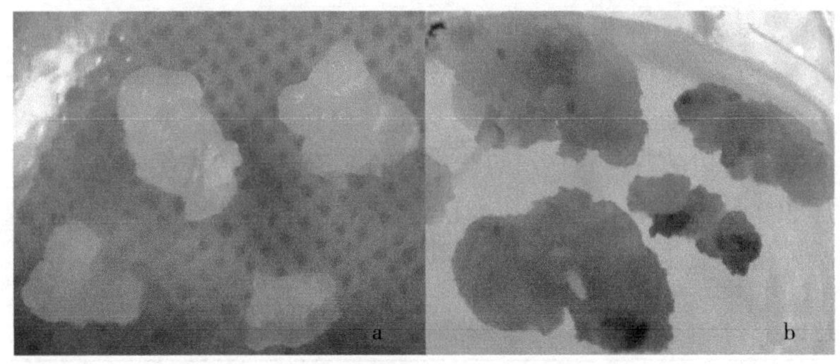

a. 胚性愈伤组织；b. 非胚性愈伤组织

图 2-1 形成的胚性及非胚性愈伤组织

用；③培养基 N 源浓度发生改变；MSO 继代培养基中形成的愈伤组织褐化率普遍较高，影响了胚性愈伤组织质量，为此本实验又进行了进一步的继代实验研究，即选择添加不同浓度 TDZ 的 MS 培养基。添加不同浓度 TDZ 的 MS 培养基上愈伤组织褐化率明显降低，平均降低了 10%以上，但并不是所有添加 TDZ 的培养基上的胚性愈伤组织诱导率比添加 0.5mg/L NAA、1.0mg/L 6-BA 和 1.0mg/L $AgNO_3$的 MSO 培养基诱导率得以提高。在添加高浓度 TDZ 的 9 号和 10 号培养基上的胚性愈伤组织诱导率降低，在 TDZ 浓度为 0.3mg/L MS 培养基上胚性愈伤诱导率最高。综合上述实验研究，紫花苜蓿愈伤组织继代培养最佳方案为：添加 0.5mg/L NAA、1.0mg/L 6-BA 和 1.0mg/L $AgNO_3$ 的 MSO 继代培养基上培养 14d 转入添加 0.3mg/L TDZ 的 MS 继代培养基上培养 5d 再移至添加 0.5mg/L NAA、1.0mg/L 6-BA 和 1.0mg/L $AgNO_3$的 MSO 继代培养基上培养 10d，提高胚性愈伤诱导率的同时降低愈伤组织褐化。

表 2-4 培养基影响胚性愈伤组织率及褐化率结果

培养基	愈伤组织数	胚性愈伤诱导率（%）	愈伤组织褐化率（%）
1	100	32	14
2	100	48	12
3	100	68	11
4	100	59	21
5	100	51	26
6	100	72	5
7	100	76	5
8	100	71	3
9	100	47	0
10	100	30	0

2.3.3 分化培养基的选择

为了选择最合适的分化培养基，本实验开展了 MS 基本培养基中附加不同浓度 KT 对愈伤组织分化率的影响研究。表 2-5 为愈伤组织分化结果，表明紫花苜蓿愈伤组织在 KT 浓度为 0~2.0mg/L MS 培养基中均能分化，但愈伤组织分化率有极大差异。在添加高浓度 KT 的 3~6 号分化培养基中的愈伤组织分化率明显低于添加低浓度 KT 的 2 号培养基，甚至低于不添加 KT 的 MS 培养基，随着 KT 浓度 0.5mg/L 或再增大时愈伤组织分化率呈明显下降。KT 浓度为 0.2mg/L 的 MS 培养基中愈伤组织分化率最高，达到了 86%。即低浓度的 KT 可以提高 MS 培养基诱导紫花苜蓿愈伤组织分化率，添加 0.2mg/L KT 的 MS 培养为紫花苜蓿愈伤组织分化的最佳培养基（图 2-2）。

表 2-5　培养基影响愈伤组织分化率结果

培养基	愈伤组织数	分化出芽点的愈伤组织数	愈伤组织分化率（%）
1	50	37	74
2	50	43	86
3	50	34	68
4	50	18	36
5	50	9	18
6	50	3	6

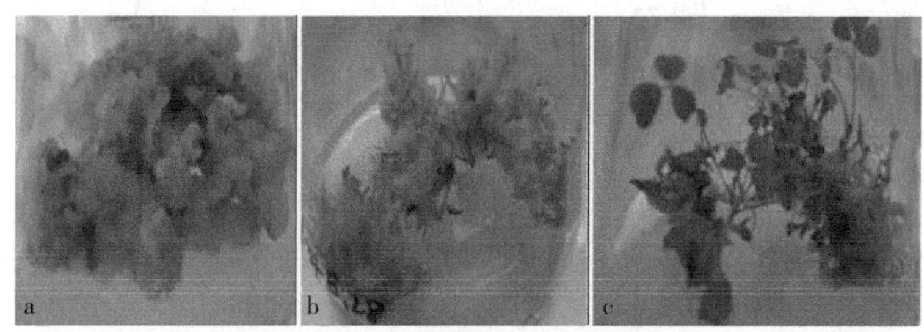

a. 高浓度 KT 培养基上分化的畸形芽；b. MS 培养基上分化的芽；
c. 0. 2mg/L KT 上分化的再生苗

图 2-2　分化培养基分化愈伤组织情况

2. 3. 4　外植体的选择

选取紫花苜蓿茎段、叶片、叶柄、子叶及下胚轴作为外植体，接种于相同的愈伤组织诱导培养基，对形成的愈伤组织进一步进行继代培养，之后再转入相同的分化培养基上，统计愈伤组织诱导率及分化率（表 2-6）。表 2-6 显示，5 种外植体愈伤组织分化率从高到低依次为下胚轴、茎段、叶柄、子叶和叶片。

方差分析显示苜蓿叶片愈伤组织分化率显著低于其他 4 种外植体。子叶、茎段、叶柄和下胚轴等愈伤组织分化率无显著差异，但下胚轴在愈伤组织诱导率和分化率上处于所有外植体最高

水平，本试验苜蓿组培的最佳外植体应选取下胚轴。

表 2-6 5 种外植体愈伤组织诱导率及分化率

外植体	外植体数	开始出愈时间（d）	愈伤组织诱导率（%）	分化出芽点愈伤组织数	愈伤组织分化率（%）
子叶	100	4b	99a	81a	81a
叶片	100	7a	93a	65b	65b
茎段	100	4b	97a	79ab	79ab
叶柄	100	5b	96a	72ab	72ab
下胚轴	100	5b	100a	86a	86a

注：同列不同小写字母表示差异显著（P<0.05）。

2.3.5 基因型的选择

将 3 个紫花苜蓿品种相同时期的下胚轴愈伤组织转接到相同分化培养基上培养，40d 后统计各品种愈伤组织的分化率。图 2-3 显示，3 个紫花苜蓿品种愈伤组织的分化率猎人河品种与其他两份

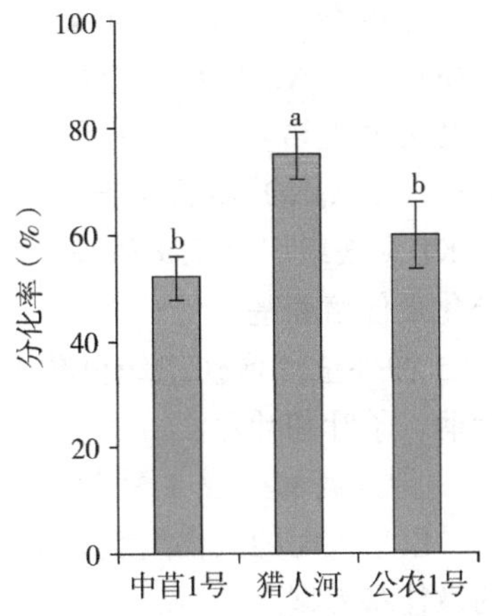

不同小写字母表示差异显著（P<0.05）

图 2-3 基因型对愈伤组织分化的影响

材料存在显著差异，中苜 1 号与公农 1 号差异不显著（$P<0.05$）。3 个品种愈伤组织分化率的范围为 51.7%～76.3%，其中猎人河的愈伤组织分化率最高，达到 76.3%，为最佳基因型。

2.3.6 苜蓿转化植株的生根培养

待分化出的苜蓿转化植株长到 3～5cm 时移植于生根进行生根培养，结果发现苜蓿转化植株在生根培养基上均能正常生根，生根率达 100%。

2.4 小结

（1）对紫花苜蓿愈伤组织诱导培养基、继代培养基和分化培养基分别进行筛选。其中愈伤诱导最佳培养基为 SH+2.0mg/L 2,4-D+0.5mg/L 6-BA 培养基，愈伤组织诱导率最高，达 97%，选择该培养基作为紫花苜蓿外植体最佳的愈伤诱导培养基。愈伤组织继代培养基继代培养最佳方案为 MSO+0.5mg/L NAA+1.0mg/L 6-BA+1.0mg/L $AgNO_3$继代培养基上培养 14d 转入 MS+0.3mg/L TDZ 继代培养基上培养 5d 再移至 MSO+0.5mg/L NAA+1.0mg/L 6-BA+1.0mg/L $AgNO_3$ 继代培养基上培养 10d。分化培养基 MS+0.2mg/L KT 愈伤组织分化率最高，为 86%，选择为紫花苜蓿愈伤组织分化最佳培养基。

（2）紫花苜蓿 5 种外植体愈伤组织分化率从高到低依次为下胚轴、茎段、叶柄、子叶和叶片。

（3）中苜 1 号、猎人河和公农 1 号紫花苜蓿品种统计愈伤组织的分化率显示，以猎人河的愈伤组织分化率最高，为 3 个苜蓿品种组织培养的最佳基因型。

2.5 讨论

2.5.1 基因型对愈伤组织分化的影响

植物基因型被认为是影响体细胞胚胎发生的主要因子，是决定植株再生频率高低的内在遗传基础，相同种基因型不同其体细胞胚发生能力存在差异，细胞全能性在植物间、属种之间存在差异，基因型不同可能导致再生频率差异较大。由于紫花苜蓿分布广，具有丰富的遗传基础，通过人工选择等育种途径，其品种基因型常存在差异较大现象。李聪等对国内外 20 多个紫花苜蓿品种进行了组织培养，结果表明，不同紫花苜蓿基因型在分化能力上存在较大的差异。本研究以 3 个紫花苜蓿品种为研究对象，统计其愈伤分化情况，结果表明不同，基因型其愈伤组织分化率差异明显，究其原因可能为苜蓿材料遗传基础差异所致。因此建立紫花苜蓿高效的受体系统时必须考虑受体基因型的差异，才能达到提高紫花苜蓿转化率的研究目的。

2.5.2 外植体对愈伤组织分化的影响

外植体是接种到培养基上，在人工控制的条件进行培养，使其发育为完整的植株。植物不同器官、组织和细胞团的生理状态和生物学功能不同，根尖、茎尖、茎段、子叶、叶片、花粉、子房、幼胚和成熟胚等不同外植体的选择会导致组织脱分化产生愈伤组织及发育体细胞胚的潜力差异。杨燮荣等研究显示，苜蓿叶片、叶柄与茎段分生组织在添加 2,4-D 和水解乳蛋白的 MS 培养基上培养时培养 10d 后开始发生愈伤组织，叶片的分化能力强于叶柄和茎段分生组织分化能力，其试验对子叶和胚轴未进行脱分化及体细胞胚诱导研究。外植体的选择关键是具有全能性细胞的细胞脱分化的能力的选择，即在培养条件下，使一个已经分化的细胞回复到原始无分化（分生细胞）状态的过程。植物细胞所能向分生状态回复过程，取决于其在所处的位置和生理状态，该过程在细胞周期调控、激素的作用和 PSK 的调控作用下完成，而形成愈伤组织是离体培养中的一个阶段。子叶和胚轴等来源于种子的外植体，其分化形成愈伤组织的能力强于其他外植体，这可能与种子的各部位处于旺盛的生长阶段，其细胞的分化程度等生理状态有关。

2.5.3 $AgNO_3$ 对胚性愈伤率的影响

Roberts 和 Robinson 等在报道中指出，在狭小、封闭的空间进行组织培养容易产生乙烯，当其达到一定量时能抑制细胞组织的分化能力，导致分化苗发育畸形。

Ag^+作为乙烯的主要活性抑制剂，通过竞争性的作用于乙烯受体的作用部位，能够明显降低组织培养过程中乙烯所带来的负面作用。但过量加入 $AgNO_3$会导致 Ag^+毒害或培养基 NO_3^-的最佳浓度，影响愈伤组织的诱导率或质量。本试验采取继代培养基内添加适量 $AgNO_3$，显著改善了愈伤组织质量，提高了胚性愈伤诱导率，但 $AgNO_3$ 的含量超过 1.0mg/L 时其效果开始下降，因此添加不宜超过 1.0mg/L。

2.5.4 TDZ 对胚性愈伤率的影响

TDZ 拥有植物细胞生长素和植物细胞分裂素双重作用，在外植体从愈伤组织形成到体细胞胚胎的发生中起到诱导作用，组织培养中 TDZ 可以单独使用也可与其他生长调节物质配合使用，但其浓度和处理时间与诱导植物细胞形态发生有很大关系。1990 年以来，TDZ 已经成功的应用在葡萄、亚麻、草地早熟禾、花生、紫罗兰等植物的组织培养上。实验中发现形成的紫花苜蓿愈

伤组织褐化率普遍较高，胚性愈伤组织率不高，针对其不足，本试验进行了添加不同浓度 TDZ 的研究，结果表明，添加适量浓度 TDZ 可以使紫花苜蓿愈伤组织褐化率明显降低，胚性愈伤组织质量明显改善，胚性愈伤率上升，但其含量浓度不宜超过 0. 5mg/L，最佳浓度为 0. 3mg/L。

2. 5. 5　KT 对愈伤组织分化的影响

一些植物细胞再生困难，主要原因为植物内源激素调整速度缓慢、调整结果不完全和外在条件难以控制等，影响再生可能为单因素影响也可能是多因素混合影响，为促进细胞再生，研究中通常添加一定的外源激素（植物生长调节剂）。诱导紫花苜蓿外植体脱分化、愈伤组织形成和植株再生时，ZT、KT、2,4-D、BA 等植物激素已应用于诱导植株或组织分化。本研究采用 KT 促进愈伤组织分化，结果分化效率并无显著提高，具体原因尚不明确，可能与 KT 浓度及具体作用有关，需研究进一步明确。

3　拟南芥 *CBF1* 和 *CBF4* 基因克隆及植物表达载体构建

3.1　材料

3.1.1　拟南芥简介

拟南芥（*Arabidopsis thaliana*）又名鼠耳芥、阿拉伯芥、阿拉伯草，该植物是植物分子遗传育种研究中的模式植物，在植物遗传育种研究中具有重要的地位。

3.1.2　拟南芥作为一种模式植物的优点

拟南芥植株个体小、世代时间短、种子产率高、基因组小、结构简单、有利于基因定位和测序、天然自花授粉植物易于研究。

3.1.3　大肠杆菌

大肠杆菌 DH5α 由北京市农林科学院生物技术研究中心园林实验室保存。质粒载体：构建载体过程中所需要的质粒载体 T-Easy 载体购自上海生物工程有限公司，植物转化表达载体 PBI121 由北京市农林科学院生物技术研究中心园林实验室保存。转化重组质粒由作者本人构建。

3.1.4 酶以及试剂

实验中所用的各种限制性内切酶，RNase A、*Taq* 酶、T4 连接酶均购自 TaKaRa 公司；Marker 购自 Takara 公司；卡那霉素、NaCl 等购自北京经科生物技术有限责任公司；乙醇等溶液购自北京宏达经科生物技术有限责任公司。

北京奥科生物工程技术服务有限公司完成 PCR 引物合成、DNA 测序等工作。

3.2 主要仪器

摇床、恒温摇床、PCR 基因扩增仪、4℃高速冷冻离心机、紫外分光光度计、pH 计、凝胶分析系统、电脉冲仪、细菌培养箱、冷冻干燥机等。

3.3 常用溶液的配制

3.3.1 溶液的配制

LB 液体培养基、EB 储备液、RNaseA 溶液、氨苄青霉素溶液（Amp）、卡那霉素溶液（Kan）、利福平霉素溶液（Rif）、四环素霉素溶液（Tet）、TE 溶液等均按照北京农林科学院生物研究中心标准方法统一配制。

3.3.2 实验试剂的配制

DNA 提取液的配制、质粒的提取、感受态细胞的制备、拟南芥基因组 DNA 的提取等方法的步骤均按照实验室统一制定的方法操作。

3.3.3 PCR 反应

3.3.3.1 CBF1 和 CBF4 的 PCR 反应

PCR 反应的程序设定如下。

95℃　　5min
94℃　　30s ┐
55℃　　30s ├35 个循环
72℃　　1min ┘
72℃　　10min
18℃　　end

3.3.3.2 CBF1-PRO PCR 反应

PCR 反应的程序设定如下。

94℃　　5min
94℃　　30s ┐
55℃　　30s ├35 个循环
72℃　　1min ┘
72℃　　10min
18℃　　end

PCR 扩增，20μL PCR 反应体系如下：在 200μL 的小离心管中依次加入下列成分。

拟南芥基因组 DNA	1μL
Buffer	2μL
dNTP	0.4μL

（续表）

引物上游	0.5μL
下游	0.5μL
r*Taq* 聚合酶	0.1μL
dd H_2O	15.5μL

3.4 实验方法

3.4.1 引物的筛选

3.4.1.1 PCR 克隆 *CBF1* 基因引物的筛选

根据基因库得到 *CBF1* 的基因序列，利用 DNAMAN 生物软件设计两对针对 *CBF1* 基因的特异引物，PCR 筛选结果：引物对 1 扩增出目的片段。引物序列如下。

引物对 1：

CBF1 - BamHI - 5′端：5′ - TCTGGGATCC ATGAACTCAT TTTCAG-3′

CBF1 - Sac1 - 3′端：5′ - TCTGGAGCTC TTAGTAACTC CAAAGCG-3′

引物对 2：

CBF1-BamHI-5′端：5′-TGGATCC ATGAACTCAT TTTCAG-3′

CBF1-Sac1-3′端：5′- TGAGCTC TTAGTAACTC CAAAGCG-3′

3.4.1.2 PCR 克隆 CBF*1* 基因启动子引物的筛选

根据基因库得到 CBF1-PRO 的核苷酸序列，利用 DNAMAN 生物软件设计两对针对 *CBF1-PRO* 基因的特异引物，PCR 筛选结果：引物对 3 扩增出目的片段。引物序列如下。

引物对 3：

Pro-Sse8387I-5′端：5′-TACCTGCAGG CCACGAACAT AT-CAT-3′

Pro-BamHI-3′端：5′-TACCGGATCC TGATCAGAGT ACTCT-3′

引物对 4：

Pro-Sse8387I-5′端：5′-TCTGCAGG CCACGAACAT ATCAT-3′

Pro-BamHI-3′端：5′-TGGATCCTGATCAGAGT ACTCT-3′

3.4.1.3 PCR 克隆 *CBF4* 基因引物的筛选

根据基因库得到 *CBF4* 的基因序列，利用 DNAMAN 生物软件设计两对针对 CBF4 基因的特异引物，PCR 筛选结果：引物对 5 扩增出目的片段。引物序列如下。

引物对 5：

CBF4-BamHI-5′端：5′-GTCCGGATCCATGAATCCATTT-3′

CBF4-Sac1-3′端：5′-CGTGAGCTCTTACTCGTCAAAACTC-3′

引物对 6：

CBF4-BamHI-5′端：5′-TGGATCCATGAATCCATTT-3′

CBF4-Sac1-3′端：5′-TGAGCTCTTACTCGTCAAAACTC-3′

3.4.2 从基因组中克隆目的基因

3.4.2.1 PCR 扩增 *CBF1* 基因

根据 NCBI GenBank *CBF1* 基因序列设计引物如下：（CBF1-BamHI-up：5′-TCTGGATCCATGAACTCATTTTCAG-3′；CBF1-SacI-down：5′-TCTGGAGCTCTTAGTAACTCCAAAGCG-3′），并在上下游引物分别加 BamHI 和 SacI 酶切位点，从拟南芥基因组 DNA 克隆 CBF1 基因，PCR 扩增，反应体系 20μL，反应条件：95℃预变性 5min；94℃ 30s、55℃ 30s、72℃ 1min，35 个循环，72℃延伸 10min；18℃反应结束。PCR 产物连接 T-Easy 载体，转化大肠杆菌 DH5α 感受态，在含有 IPTG 和 X-gal 的 LB+Amp 固体平板上筛选白色菌落，对重组子进行菌液 PCR 鉴定，验证

正确后由北京奥科生物技术有限责任公司完成测序。

3.4.2.2 PCR 扩增 CBF1-PRO 启动子

根据 GenBank 上所登录的 *CBF1* 基因序列，在其表达框架前选择 1 447bp 的序列定为 CBF1-PRO 启动子，根据引物设计基本原则，应用 DNAMAN 软件设计引物：（CBF1-PRO-Sse8387I-up：5′-TACCTGCAGGCCACGAACATATCAT-3′；CBF1-PRO-BamH-down：5′-TACCGGATCCTGATCAGAGTACTCT-3′）上下游引物 5′端分别增加 Sse8387I 和 BamHI 酶切位点，进行逆境诱导型启动子 CBF1-PRO 的 PCR 扩增，PCR 反应体系 20μL，反应条件：95℃预变性 5min；94℃ 30s、55℃ 30s、72℃ 1min 30s，35 个循环，72℃ 延伸 10min；18℃ 反应结束。PCR 产物连接到 T-Easy 载体上，转化大肠杆菌 DH5α 感受态，在含有 IPTG 和 X-gal 的 LB+Amp 固体平板上筛选白色菌落，对重组子进行菌液 PCR 鉴定，正确后由北京奥科生物技术有限责任公司完成测序。

3.4.2.3 PCR 扩增 *CBF4* 基因

根据霍秀文老师设计好的 *CBF4* 基因引物序列（CBF4-up：5′-AATGAATCCATTTTACTCTAC-3；CBF1-down：5′-ATTACTCGTCAAAACTCCAGAGTG-3′），从拟南芥基因组 DNA 克隆 *CBF4* 基因，PCR 扩增，反应体系 20μL，反应条件：95℃预变性 5min；94℃ 30s、55℃ 30s、72℃ 1min，35 个循环，72℃延伸 10min；18℃反应结束。回收 PCR 产物片段连接 T-Easy 载体，从中间载体 T-CBF4 克隆 CBF4 基因，根据 NCBI GenBank CBF1 基因序列设计引物（CBF4-BamHI-up：5′-GTCCGGATCCATGAATCCATTT-3′；CBF4-SacI-down：5′-CGTGAGCTCTTACTCGTCAAAACTC-3′），并在上下游引物分别加 BamHI 和 SacI 酶切位点，PCR 扩增反应体系 20μL，反应条件：95℃预变性 5min；94℃ 30s、60℃ 30s、72℃ 1min 1 个循环 55℃ 30s、72℃ 1min，34 个循环，72℃延伸 10min；18℃反应结束。PCR

产物连接 T-Easy 载体，转化大肠杆菌 DH5α 感受态，在含有 IPTG 和 X-gal 的 LB+Amp 固体平板上筛选白色菌落，对重组子进行菌液 PCR 鉴定，验证正确后由北京奥科生物技术有限责任公司完成测序。

3.4.3 植物表达载体的构建

3.4.3.1 植物表达载体 PBI121-CBF1 载体的构建

质粒 PBI121 带有 CaMV35S 启动子和 *GUS* 基因，其 35S 启动子下游具有多克隆位点，可供外源基因插入并使其在植物中表达。本实验将质粒 PBI121 和质粒 T-CBF1 同时经双酶切回收载体片段和 CBF1 基因片段，将两个片段进行连接转化 DH5α 感受态细胞，在含有 Kna 抗性的 LB 培养基平板上筛选阳性菌落，挑单菌落进行菌液 PCR，在 PCR 鉴定为阳性的克隆中选择 1 个菌株，用 BamHI 和 SacI 进行双酶切鉴定，将重组质粒命名为 PBI121-CBF1。

3.4.3.2 植物表达载体 PBI-PRO-CBF1 载体的构建

质粒 PBI-CBF1 带有 CaMV35S 启动子和 CBF1 基因，其 35S 启动子下游具有多克隆位点，可供外源基因插入并使其在植物中表达。本实验将质粒 PBI-CBF1 和质粒 T-CBF1-PRO 同时经双酶切回收载体片段和 CBF1-PRO 基因片段，将两个片段进行连接转化 DH5α 感受态细胞，在含有 Kna 抗性的 LB 培养基平板上筛选阳性菌落，挑单菌落进行菌液 PCR，在 PCR 鉴定为阳性的克隆中选择 1 个菌株，用 Sse 8387 I 和 BamHI 进行双酶切鉴定，将重组质粒命名为 PBI-PRO-CBF1。

3.4.3.3 植物表达载体 PBI121-CBF1-PRO 载体的构建

质粒 PBI121 带有 CaMV35S 启动子和 *GUS* 基因，其 35S 启动子下游具有多克隆位点，可供外源基因插入并使其在植物中表达。本实验将质粒 PBI121 和质粒 T-CBF1-PRO 同时经双酶切回

收载体片段和 *CBF1-PRO* 基因片段，将两个片段进行连接转化 DH5α 感受态细胞，在含有 Kna 抗性的 LB 培养基平板上筛选阳性菌落，挑单菌落进行菌液 PCR，在 PCR 鉴定为阳性的克隆中选择 1 个菌株，用 Sse 8387 I 和 BamHI 进行双酶切鉴定，将重组质粒命名为 PBI121-CBF1-PRO。

3.4.3.4 植物表达载体 PBI121-CBF4 载体的构建

质粒 PBI121 带有 CaMV35S 启动子和 *GUS* 基因，其 35S 启动子下游具有多克隆位点，可供外源基因插入并使其在植物中表达。本实验将质粒 PBI121 和质粒 T-CBF4 同时经双酶切回收载体片段和 CBF4 基因片段，将两个片段进行连接转化 DH5α 感受态细胞，在含有 Kna 抗性的 LB 培养基平板上筛选阳性菌落，挑单菌落进行菌液 PCR，在 PCR 鉴定为阳性的克隆中选择 1 个菌株，用 BamHI 和 SacI 进行双酶切鉴定，将重组质粒命名为 PBI121-CBF4。

3.4.4 质粒转化农杆菌的电击转化

将酶切验证正确的 PBI121 - CBF1、PBI - PRO - CBF1、PBI121-CBF4 分别转入农杆菌 C58。

（1）取出 C58 感受态细胞，溶解，预冷 25min。

（2）质粒加入到感受态细胞中。

（3）PBI121-CBF1、PBI-PRO-CBF1 和 PBI121-CBF4 质粒分别与感受态细胞的混合物转移到冰上预冷的电极杯中。

（4）定电极器：电压为 2.5kV，电阻为 400ohm，电容为 25Mfd。

（5）极槽插入，然后同时按下“Bit-Rad”和“gene pluse”。

（6）加入 1mL LB 培养基。

（7）溶液混匀转移到 1.5mL 的 EP 管中，28℃，培养 50min。

（8）离心 2min，涂板。

（9）做对照。

(10) 28℃，培养。

3.5 结果与分析

3.5.1 引物筛选结果

利用 DNAMAN 生物软件设计针对 *CBF1*、*CBF1-PRO*、*CBF4* 基因的特异引物，经过 PCR 反应进行筛选，筛选结果如下：引物对 1、引物对 3、引物对 5 扩增出相应的目的片段。认为这 3 对引物特异性强，可用于进一步的实验。

引物对 1：

CBF1-BamHI-5′端：5′-TCTGGGATCCATGAACTCATTTTCAG-3′

CBF1-Sac1-3′端：5′-TCTGGAGCTCTTAGTAACTCCAAAGCG-3′

引物对 3：

Pro-Sse8387I-5′端：5′-TACCTGCAGGCCACGAACATATCAT-3′

Pro-BamHI-3′端：5′ - TACCGGATCCTGATCAGAGTACTCT -3′

引物对 5：

CBF4-BamHI-5′端：5′-GTCCGGATCCATGAATCCATTT-3′

CBF4-Sac1-3′端：5′-CGTGAGCTCTTACTCGTCAAAACTC-3′

3.5.2 CBF*1* 基因片段的克隆及序列分析

从拟南芥基因组 DNA 中扩增出 1 个 642bp 的片段（图 3-1），将该序列与 GenBank 登录的 *CBF1* 基因序列进行 DANMAN 序列比较分析结果显示：同源性可达 99.84%（图 3-2），在 460bp 的碱基 A 置换成 T，2 个碱基的置换导致了一处氨基酸的差异，但这一氨基酸并不在基因的功能结构域上，推测其不会影响基因功能。因而产物应具有正常的生理功能，认为该基因可用。

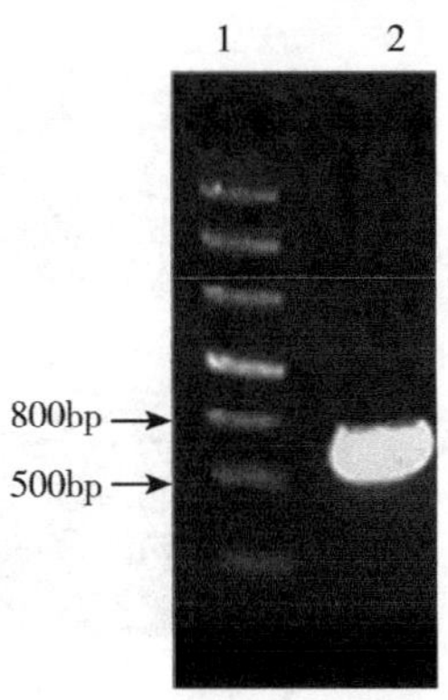

1. maker；2. PCR 扩增产物

图 3-1　CBF*1* 基因片段的 PCR 扩增（642bp）

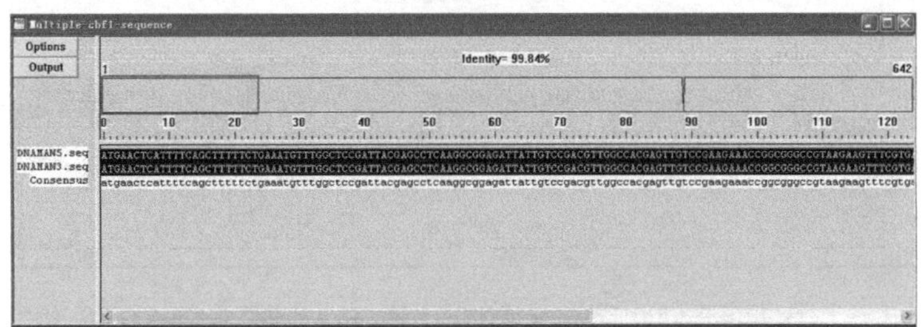

上排：PCR 扩增产物 *CBF1*；下排：拟南芥 CBF1 cDNA

图 3-2　CBF*1* 基因序列比对图（同源性 99.84%）

3.5.3　CBF1-PRO 启动子片段的克隆及序列分析

自拟南芥基因组 DNA 中扩增出 1 个 1447bp 的片段（图 3-3）测序结果与 GenBank 上所登录的 CBF1-PRO 序列比对。结果同源性为 99.79%（图 3-4），经分析后认为并不会影响片段的功能。

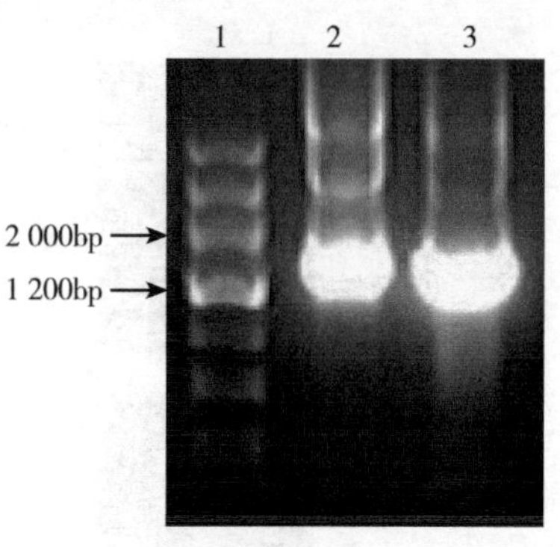

1. maker；2，3. PCR 扩增产物

图 3-3　CBF1-PRO 启动子片段的 PCR 扩增（1 447bp）

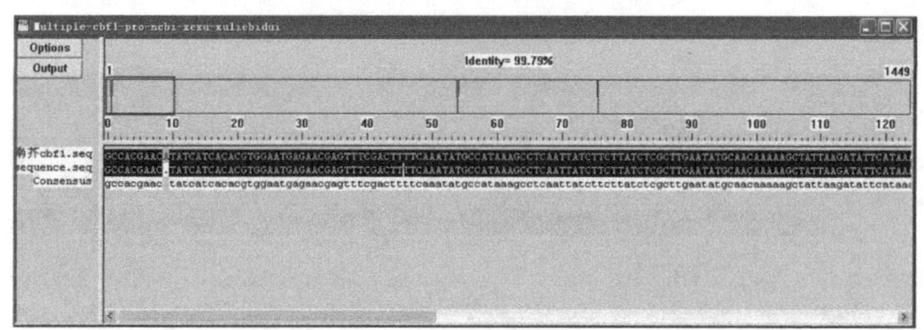

上排：拟南芥 CBF1 Promoter cDNA；下排：PCR 扩增产物 CBF1-PRO

图 3-4　CBF1-PRO 序列比对图（同源性 99.79%）

3.5.4　CBF*1* 启动子功能预测分析

由于尚无文献报道拟南芥 *CBF1* 特异性启动子的功能。本研究仅从公开的拟南芥基因组序列推断，其上游一段 DNA 为 *CBF1* 的特异性启动子。鉴于此，首先用网络中的相关生物信息软件进行了分析。结果显示，该段拟南芥 *CBF1* 上游序列富含重复次数不同、长度不等的 A/T 重复序列。大多数植物启动子中，富含

A/T 的序列都与基因转录活性的正调控有关。本研究分离的拟南芥 CBF1 启动子符合这样的序列特征。

经 Softberry（http：//www. softberry. com）发现以下 Motif。

Motif 名称	正链+/反链-位置	权重	参考文献
CREB	-1068	5. 737000	J Virol 63：1604-11（1989）
junB-US2	+1175	2. 717000	Nucleic Acids Res 19：775-81（1991）
TFIID	+1181	2. 618000	Nucleic Acids Res 14：10009-26（1986）
TFIID	+1268	2. 618000	Nucleic Acids Res 14：10009-26（1986）
TFIID	+1268	1. 971000	Nucleic Acids Res 14：10009-26（1986）
ATF	-1068	1. 591000	Proc Natl Acad Sci U S A 85：3396-400（1988）
ATF/CREB	+1063	1. 564000	Proc Natl Acad Sci U S A 85：7192-6（1988）
UCE. 2	-1178	1. 216000	Science 241：1192-7（1988）
E4F1	+1063	1. 201000	EMBO J 6：1345-53（1987）

这个启动子中含有 CREB 结合位点，CREB 为 CBF 启动子的特征。由此可初步推断克隆的这段拟南芥 *CBF1* 上游序列可能具有启动活性和组织特异性。

3.5.5 CBF*4* 基因片段的克隆及序列分析

从拟南芥基因组 DNA 中扩增出 1 个 675bp 的片段（图 3-5），将该序列与 GenBank 登录的 *CBF4* 基因序列进行 DANMAN 序列比较分析结果显示：同源性可达 98.97%（图 3-6），484bp 的 T 置换成 G，488bp 的 G 置换成 A，490bp 的 A 置换成 G，495bp 的 G 置换成 A，4 个碱基的置换导致了 3 处氨基酸的差异，但这一氨基酸并不在基因的功能结构域上，推测其不会影响基因功能。因而产物应具有正常的生理功能，认为该基因可用。

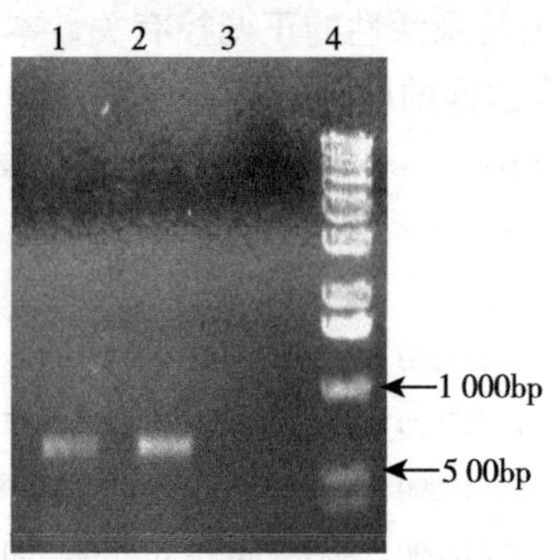

1，2. PCR 扩增产物；3. 对照；4. maker

图 3-5　*CBF4* 基因片段的 PCR 扩增

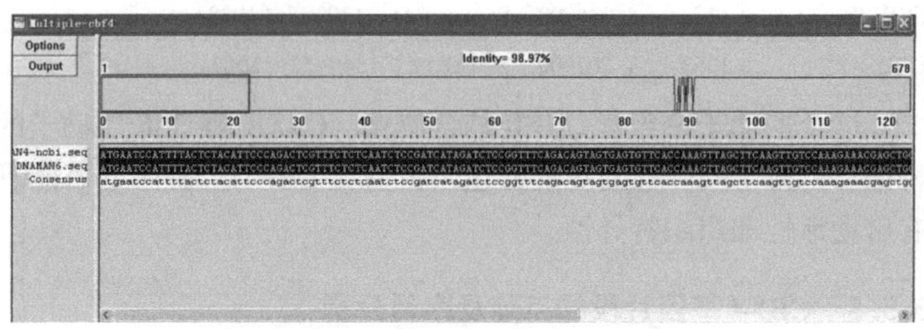

上排：拟南芥 *CBF4* cDNA；下排：PCR 扩增产物

图 3-6　*CBF4* 基因序列比对图（同源性 98.97%）

3.5.6　PBI121-CBF1 植物表达载体的构建

将质粒 PBI121 和质粒 T-CBF1 同时用 *Bam*HI 和 *Sac* Ⅰ 双酶切后，回收载体片段和 *CBF1* 基因片段，将两个片段用 T4 DNA 连接酶进行连接得到重组质粒 PBI121-CBF1（图 3-7）。

对得到的重组质粒 PBI121-CBF1 进行 PCR 扩增检测其正确性，从电泳结果看（图 3-8），重组质粒 PBI121-CBF1 扩增出了

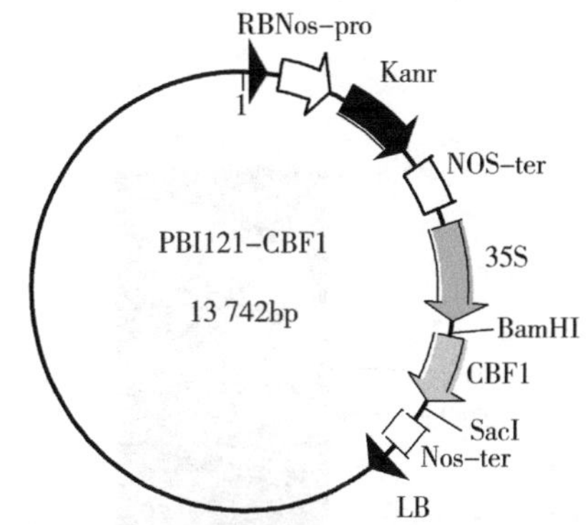

图 3-7 植物表达载体 PBI121-CBF1 物理图谱

650bp 左右的特异性条带，表明 PBI121-CBF1 表达载体构建正确。

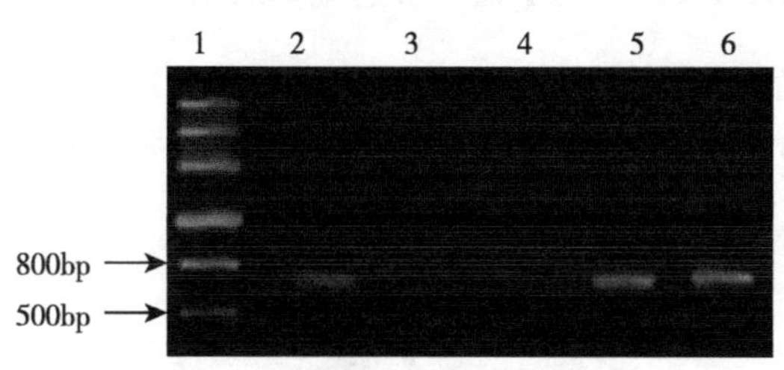

1. Marker；2~6. 重组质粒

图 3-8 PBI121-CBF1 的 PCR 鉴定

在构建的 PBI121-CBF1 植物表达载体中增加了 1 个 *Bam*HI 位点和 1 个 *Sac* Ⅰ 酶切位点，根据载体上这两种酶的酶切位点的特点，用 *Bam*HI 和 *Sac* Ⅰ 进行双酶切鉴定，应得到两个片段，一个为 *CBF1* 基因大约为 650bp，另一个为载体约为 12.9kb。电泳检测结果显示（图 3-9），证明所构建的 PBI121-CBF1 正确，可用于后续研究。

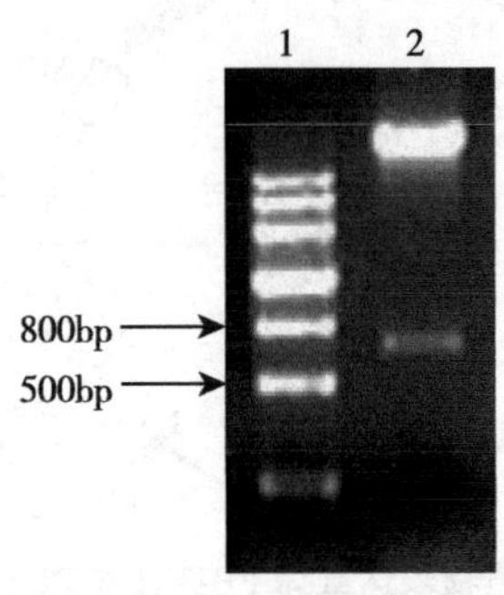

1. Maker；2. BamH Ⅰ 和 Sac Ⅰ 双酶切条带

图 3-9　PBI121-CBF1 的酶切鉴定

3.5.7　PBI-PRO-CBF1 植物表达载体的构建

构建的 PBI-PRO-CBF1 植物表达载体（图 3-10），增加了 1 个 SSe8387I 位点和 1 个 *Bam*HI 酶切位点，根据载体上这两种

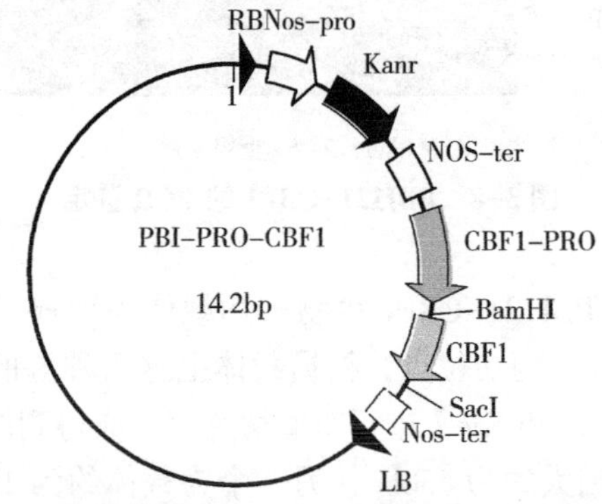

图 3-10　植物表达载体 PBI121-PRO-CBF1 物理图谱

酶的酶切位点的特点，用 SSe8387I 和 *Bam*HI 进行双酶切鉴定，得到两个片段，一个为 CBF1-PRO 启动子片段大约为 1 447bp，另一个为载体，约为 12.9kb。从电泳检测的结果来看（图 3-11），证明所构建的 PBI-PRO-CBF1 表达载体正确。

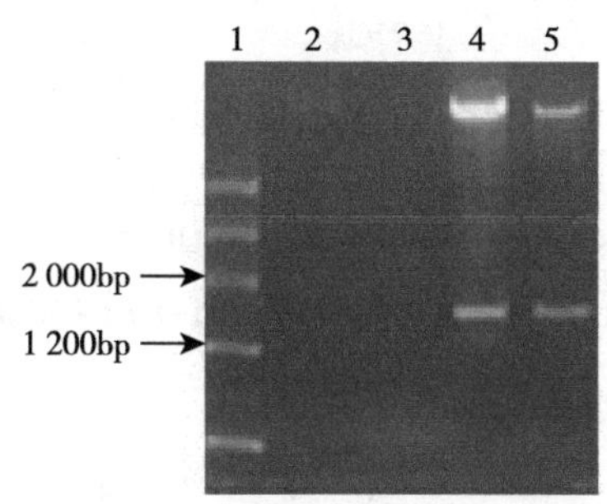

1. Maker；2. 质粒 PBI-PRO-CBF1；3. 质粒 PBI121；
4，5. 载体 PBI-PRO-CBF1 质粒酶切混合体系

图 3-11 PBI121-PRO-CBF1 的酶切鉴定

3.5.8 PBI121-CBF4 植物表达载体的构建

构建的植物表达载体 PBI121-CBF4（图 3-12），用酶切对其构建正确性进行验证。在 PBI121-CBF4 重组载体中增加了 1 个 BamHI 位点和 1 个 *Sac*I 酶切位点，根据载体上这两种酶的酶切位点的特点，用 *Bam*HI 和 *Sac*I 进行双酶切，应得到两个片段，一个为 *CBF4* 基因大约为 675bp，另一个为载体约为 13.1kb。从酶切电泳检测的结果来看（图 3-13），与预测的结果一致，证明所构建的 PBI121-CBF4 表达载体正确，可用于今后苜蓿遗传转化。

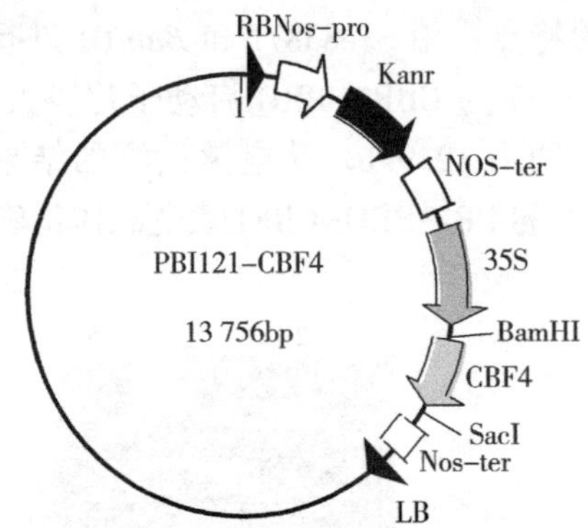

图 3-12 植物表达载体 PBI121-CBF4 物理图谱

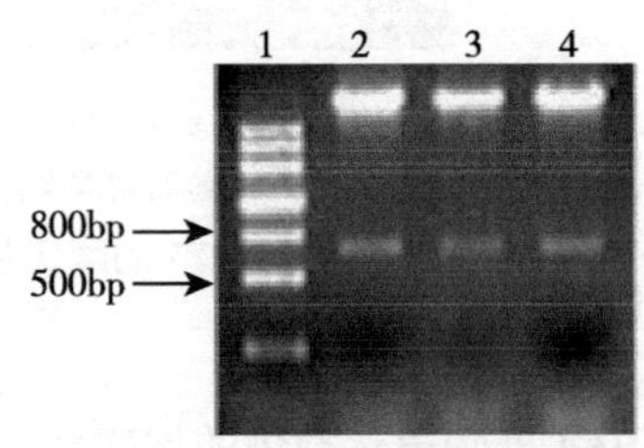

1. Maker；2~4. 载体 PBI-CBF4 质粒酶切混合体系

图 3-13 PBI121-CBF4 的酶切鉴定

3.6 小结

本研究从拟南芥中利用 PCR 方法分离得到了 *CBF1*、*CBF4* 基因及 *CBF1* 的启动子，并且分别构建了由 CaMV 35s 启动子和来源于拟南芥的 CBF1 启动子驱动的植物转化表达载体 PBI121-CBF1、PBI-PRO-CBF1、PBI121-CBF4。为下一步研究利用上述基因来改良苜蓿抗逆性奠定了坚实的基础。

3.7 讨论

低温、干旱已经成为我国北方苜蓿产业化的重要限制因子之一。培育抗寒、抗旱能力强的品种一直是苜蓿生产中的一个重要课题。而植物基因工程的发展则为培育抗寒品种提供了一条崭新的途径。植物经过冷驯化可以提高其抗寒性。研究者目前发现，在拟南芥上已发现冷驯化是 *CBF/DREB* 基因冷应激途径的激活。*CBF/DREB* 转录因子是一系列 *COR* 基因如 *LTI*、*CAS*、*Kin*、*RD*、*COR15* 等基因的分子开关，控制着冷调节基因的表达。*CBF1* 其表达量的增加将会诱导植物体内的 *COR* 基因的表达，从而提高植物对寒冷的耐受性。无论在单子叶植物中还是双子叶植物中均存在冷调节途径。*CBF1*、*CBF4* 基因虽然是在拟南芥中被发现的，但研究结果证明，CBF 冷反应途径的组成因子在开花植物中是高度保守的，而且不只是局限于能够冷驯化的植物。蛋白质和核酸数据库的搜索结果也显示，许多植物中均存在有潜在的 *CBF* 同源基因。这说明 *CBF* 基因及其在植物抗逆反应中的调控机理可能广泛地存在于双子叶及单子叶植物中，同样可以推断苜蓿植物中也存在 *CBF1* 基因冷调节途径以及受干旱诱导的 *CBF4* 基因调节途径。因此，在苜蓿植物耐逆性的综合改良中具有广泛的应用前景和极大的利用价值。

本研究以拟南芥叶片为材料，成功地克隆了 *CBF1* 基因、*CBF4* 基因和特异性诱导启动子 CBF1-PRO，经序列分析，所克隆的 *CBF1* 基因与 *CBF4* 基因所编码的蛋白质应该具有 CBF1 与 CBF4 转录因子的生理功能，并且克隆的 CBF1-PRO 启动子是 *CBF1* 基因序列前面大约 1.47kb 的序列，该序列很可能具有启动 *CBF1* 基因表达的功能，通过酶切连接分别构建了组成性启动子和特异性诱导型启动子调控下的 *CBF1* 基因的植物表达载体，用于以后转化苜蓿植物。通过酶切连接还分别构建了特异性诱导型启动子调控下的 *GUS* 基因的植物表达载体与 35S 组成性启动子调控下的 *CBF4* 基因的植物表达载体，35S 为非特异性表达的组成型启动子，它的表达具有持续性，不表现时空特异性，也不受外界因素诱导，虽然 CBF 转录激活因子可以明显提高转基因的耐逆性，但是否对苜蓿也有很好的效果还是个未知数，对其在苜蓿中的应用仍有待进一步探讨。

4 紫花苜蓿农杆菌遗传转化及转化植株的分子生物学检测

4.1 材料

4.1.1 植物材料

材料为‘公农1号’，‘中苜1号’和‘猎人河’紫花苜蓿3个品种，来源见3.1.1。

4.1.2 菌株和质粒

试验中采用农杆菌（菌株C58）、质粒（PBI121-CBF1，含有目的基因*CBF1*和抗性选择基因*Kan*）。

4.1.3 培养基

无菌苗预培养、遗传转化时共培养和愈伤诱导的培养基为改良SH培养基，添加2,4-D（4.0mg/L）和6-BA（0.5mg/L）。

愈伤组织继代培养基为2个，第1个为MSO培养基，添加NAA（0.5mg/L）、6-BA（0.5mg/L）和$AgNO_3$（1.0mg/L）；第2个为MS培养基，添加TDZ（0.3mg/L）。

分化培养基为MS，添加KT（0.2mg/L）。

采用1/2 MS培养基进行组培苗生根培养。

采用YEB培养基培养农杆菌。

4.2 方法

4.2.1 抗生素类型选择及浓度确定

抗生素菌液配制：羧苄青霉素（Carb）和头孢霉素（Cef）浓度分别设置为 100mg/L、150mg/L、200mg/L、250mg/L、300mg/L、350mg/L、400mg/L、450mg/L、500mg/L、550mg/L 和 600mg/L。

培养基：YEB 液体培养基。

抗生素培养基建立：将不同浓度抗生素菌液置入 YEB 培养基，未加抗生素 YEB 培养基设置为对照，分光光度计测定其 OD_{600}值，3 次重复，计算均值，确定选择培养基抗生素浓度为 0mg/L、100mg/L、200mg/L、300mg/L、400mg/L、500mg/L、600mg/L，备用。

诱导率测定：接种外植体于选定的抗生素共培养基培养 30d，统计胚性愈伤组织的诱导率。

4.2.2 确定 Kan 筛选压实验

抗生素菌液配制：卡那霉素（Kan）浓度分别设置为 0mg/L、10mg/L、30mg/L、50mg/L、60mg/L、70mg/L、90mg/L、110mg/L。

培养基：愈伤诱导培养基和分化培养基。

抗生素培养基建立：将不同浓度抗生素菌液置入愈伤诱导培养基和分化培养基，未加抗生素培养基设置为对照，分光光度计测定其 OD_{600}值，3 次重复，计算均值，确定培养基抗生素浓度，备用。

出愈率和分化率测定：接种外植体于抗生素共培养基培养 60d，期间统计出愈率和分化率。

4.2.3　不同基因型苜蓿对转化的影响

对3个紫花苜蓿品种的外植体分别进行农杆菌（包含载体）侵染，共培养3d后进行GUS组织化学染色观察。GUS组织化学染色过程为：共培养的紫花苜蓿不同外植体置于离心管→加入足量GUS反应液（37℃条件下培养数小时）→弃去GUS反应液→浸入组织固定液→颜色褪去（外植体绿色褪掉）→体式显微镜观察→标记GUS表达的位点（白色外植体中的蓝色细胞团）。

4.2.4　紫花苜蓿外植体类型对转化的影响

同一苜蓿品种的叶片、叶柄、茎段、子叶和下胚轴等5种外植体分别侵染农杆菌，共培养3d后采用GUS组织化学染色观察，GUS组织化学染色方法见5.2.3。

4.2.5　农杆菌菌液浓度与转化效率关系

用OD_{600}值为0.2、0.4、0.6、0.8和1.0的农杆菌菌液侵染受体组织，共培养3d后采用GUS组织化学染色观察，GUS组织化学染色方法见5.2.3。

4.2.6　侵染时间和转化效率的关系

对紫花苜蓿受体进行农杆菌侵染，分别侵染时间设置为1~20min，每5min设置一个梯度，共培养3d，进一步采用GUS组织化学染色观察，GUS组织化学染色方法见5.2.3。

4.2.7　AS浓度与转化效率的关系

将农杆菌侵染后的受体接种在添加0mg/L、10mg/L、15mg/L、20mg/L和25mg/L乙酰丁香酮的共培养基上共培养3d，之后采用 GUS 组织化学染色观察，GUS 组织化学染色方法见 5. 2. 3 相同。

4. 2. 8　紫花苜蓿遗传转化再生植株的获得

紫花苜蓿遗传转化再生植株的获得流程：紫花苜蓿的下胚轴预培养（培养 3d）→农杆菌侵染 10min→置于愈伤诱导培养基上（共培养 3d）→转入愈伤诱导筛选培养基（继代筛选培养）→转入分化筛选培养基→转入生根筛选培养基（小苗长至 3~5cm）→获得抗 Kan 的紫花苜蓿转化植株。

4. 2. 9　植物基因组 RNA 提取

Trizol 法提取拟南芥总 RNA 操作过程见表 4-1。

表 4-1　Trizol 法提取拟南芥总 RNA 操作流程

步骤	操作	容器
1	取 0. 05~0. 1g 拟南芥新鲜组织放入液氮中研磨为粉末	研钵
	↓ 1. 5mL Trizo 试剂进行匀浆处理	
2	25℃放置 5min 后加入 0. 3mL 氯仿；剧烈震荡 15s、静置 3min	2mL 离心管
	↓ 4℃、12 000r/min、15min	
3	吸取上清液，体积大概为 Trizo 试剂的 60%	2mL 离心管
	↓ 0. 7mL 异丙醇	
4	混合，静置 10min	2mL 离心管
	↓ 4℃、12 000r/min、15min	

（续表）

步骤	操作	容器
5	移除上清液，用75%乙醇洗涤	2mL 离心管
	↓ 4℃、8 000r/min、5min	
6	移除上清液，晾干	1.5mL 离心管
	↓ 去 RNA 酶水解 RNA	
7	-70℃保存	1.5mL 离心管

采用1.2%的非变性琼脂糖凝胶电泳检测 RNA 完整性检测，用紫外分光光度计法 RNA 样品 OD 值（OD_{230}、OD_{260}和 OD_{280}值），计算 OD_{260}/OD_{230}和 OD_{260}/OD_{280}测定总 RNA 纯度。

4.2.10 再生植株 PCR 检测

提取转化植株的基因组 DNA，以质粒 pBI121-CBF1 做阳性对照，以非转基因植株作为阴性对照，进行 PCR 扩增。PCR 反应引物为：primer 5′：TCTATCCATAACTCATTTTCA 和 primer 3′：TCTACTCTTATAACTCCAAAC，体系为见表4-2。

表4-2 苜蓿再生植株 PCR 检测体系

组分	加入量（μL）
模板 DNA	1.0
10×PCR buffer	2.5
dNTP Mix（10mmol/L）	2.0
Mg^{2+}（25mmol/L）	1.5
PCR primer 5′	1.0
PCR primer 3′	1.0
Taq DNA polymerase（5U/μL）	1.5
双蒸水	14.5
总体积	25.0

每管加入 40 μL 矿物油，混匀离心后进行 PCR 扩增，扩增条件为：

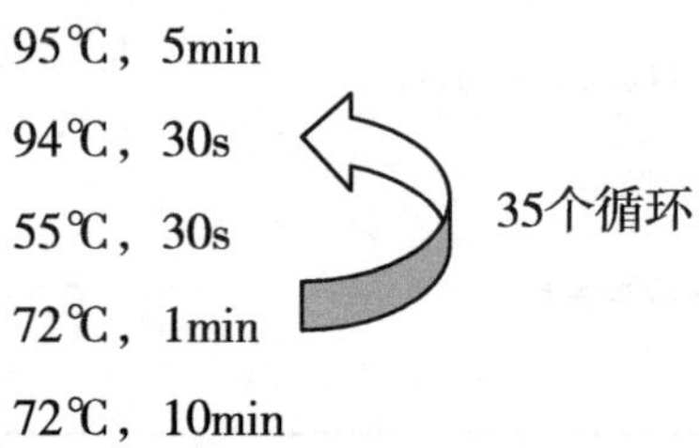

用 1×TAE 缓冲液，取 8μL PCR 产物在 2.0%琼脂糖凝胶中电泳分析。

4.2.11 转化植株 CBF*1* 基因转录检测

为了检测 *CBF1* 基因在苜蓿转化植株中 mRNA 水平上的表达，已转化 *CBF1* 基因的苜蓿苗（3~4 叶期）进行 4℃ 下培养 48 h 供试。提取供试植株总 RNA，进行 RT-PCR 检测。1.2%的非变性琼脂糖凝胶电泳检测 RNA 完整性检测，用紫外分光光度计法 RNA 样品 OD 值，计算 OD_{260}/OD_{230} 和 OD_{260}/OD_{280} 估计总 RNA 含量后调整浓度。供试植株总 RNA 反转录为 cDNA（cDNA 的合成步骤见 4.2.2），供 PCR 检测模板。

PCR 反应引物为：Primer 5′：TCTATCCATAACTCATTTTCA 和 Primer 3′：TCTACTCTTATAACTCCAAAC，体系为见表 4-3。

表 4-3 苜蓿转化植株 PCR 检测体系

组分	加入量（μL）
模板 cDNA	1
10×PCR buffer	2

（续表）

组分	加入量（μL）
dNTP Mix（10mM）	1.5
Mg^{2+}（25mM）	1.5
PCR Primer 5′	1
PCR Primer 3′	1
Taq DNA polymerase（5U/μL）	0.5
双蒸水	11.5
总体积	20

每管加入40μL矿物油，混匀离心后进行PCR扩增，扩增条件为：

95℃，5min

94℃，30s

55℃，30s　　35个循环

72℃，1min

72℃，10min

用1×TAE缓冲液，取8 μL PCR产物在2.0%琼脂糖凝胶中电泳分析。

4.3 结果与分析

4.3.1 选择抗生素种类及确定最佳浓度

不同浓度Carb和Cef抗生素抑制农杆菌生长过程研究发现（图4-1），Carb和Cef对农杆菌生长产生抑制性作用。图4-1显示，对 Carb 而言，随浓度升高抑制作用逐渐加强，浓度为 350mg/L 时达到基本抑制，浓度达到 500mg/L 时完全抑制。对 Cef 而言，随浓度升高抑制作用逐渐加强，但浓度达到最高实验浓度 600mg/L 时仍不能完全抑制农杆菌生长。比较两种抗生素发现，Carb 较 Cef 抑制农杆菌效率更高，抑制效果更佳，故应选择 Carb 作为抑制农杆菌生长的抗生素。

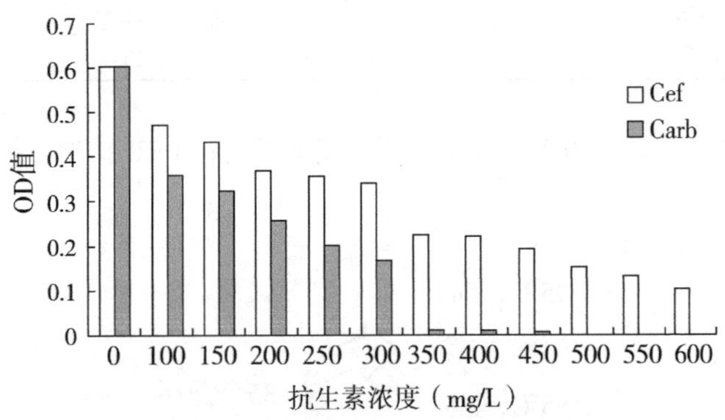

图 4-1　Cef 和 Carb 抗生素对农杆菌的抑制作用

Carb 浓度筛选研究发现（图 4-2），随 Carb 浓度升高，外植体的胚性愈伤组织诱导率逐渐降低，在浓度范围为 0～400mg/L，胚性愈伤组织诱导率变化较为平稳，当升至 400mg/L 以上时，外植体胚性愈伤组织诱导率下降速率明显加快，即拐点应在 Carb 浓度为 300～400mg/L。

综合抗生素种类筛选及抗生素浓度筛选研究结果，研究应选取 350mg/LCarb 抗生素进行农杆菌抑制，该浓度即可有效抑制农杆菌生长，又可以保证较高的胚性愈伤组织诱导率。

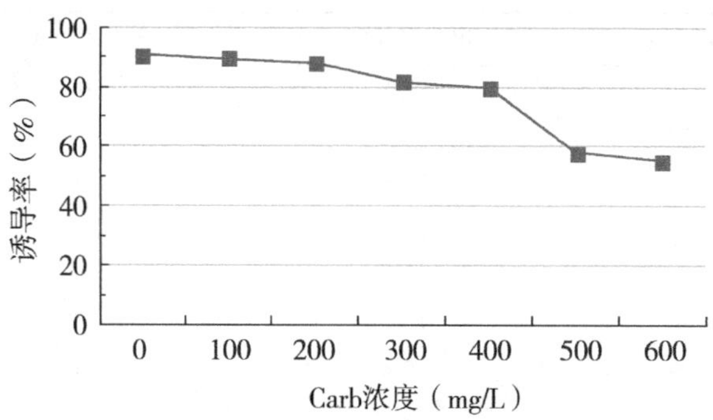

图 4-2　Carb 对胚性愈伤组织诱导率的影响

4.3.2　选择培养中选择压的确定

卡那霉素对外植体愈伤诱导率和分化率的影响研究显示（表 4-4），在 0~110mg/L Kan 浓度下外植体和生长 60d 的愈伤组织材料出愈率和分化率随浓度增加均呈现下降趋势。

对于出愈率而言，在 0~50mg/LKan 浓度变化逐渐加强，出愈率下降呈阶梯状，50~110mg/L Kan 浓度出愈率下降减缓，在浓度达到 110mg/L 时完全停止出愈。对于分化率而言，在 0~50mg/L Kan 浓度变化逐渐加强，出愈率下降呈阶梯状，在浓度达到 70mg/L 时完全停止出愈。

综合出愈率和分化率研究结果，同浓度的 Kan 对外植体愈伤的生成和分化有明显影响。当 Kan 浓度低于 50mg/L 时，其对愈伤组织形成的抑制现象不明显，Kan 浓度 60mg/L 为外植体出愈率和愈伤组织分化率抑制拐点，继代培养过程中直观显现愈伤组织颜色发生劣变并逐渐死亡。实验表明，浓度 60mg/L 卡那霉素可有效抑制再生芽形成，为转化过程中筛选遗传转化植株最佳 Kan 浓度。

表 4-4　卡那霉素对外植体愈伤诱导率和分化率的影响

浓度（mg/L）	出愈率（%）	分化率（%）
0	97.8	69
10	85.0	45
30	66.0	30
50	29.0	10
60	18.0	2
70	14.0	0
90	5.6	0
110	0	0

4.3.3　不同基因型紫花苜蓿对转化率的影响

3 个基因型紫花苜蓿转化率研究显示（图 4-3），3 个苜蓿基因型 GUS 阳性率在 50%~60%，其中猎人河苜蓿 GUS 阳性率最高，为 57%，中苜 1 号材料最低为 49%，公农 1 号处于中间水平。方差分析显示，猎人河 GUS 阳性率显著高于中苜 1 号，猎

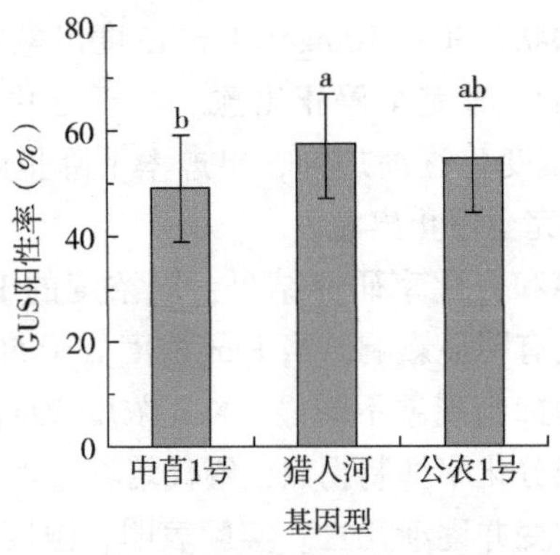

不同小写字母表示差异显著（$P<0.05$）

图 4-3　基因型对转化率的影响

人河与公农1号无显著性差异，但猎人河苜蓿转化率高于公农1号，故在3个紫花苜蓿品种中以猎人河为遗传转化的最佳基因型，在后续遗传转化中全部选择此基因型为研究对象。

4.3.4 紫花苜蓿不同外植体对遗传转化影响

紫花苜蓿不同外植体对遗传转化率的影响研究显示（图4-4），以紫花苜蓿品种猎人河的子叶、叶片、茎段分生组织、叶柄和下胚轴为外植体材料，其GUS阳性率在40%~80%，其中以下胚轴为最高，达到80%左右，显著高于其他材料，其他外植体转化率在40%~50%，GUS阳性率从高到低的依次为下胚轴、茎段分生组织、叶柄、子叶和叶片。研究结果表明，下胚轴应为紫花苜蓿品种猎人河的最佳遗传转化外植体。

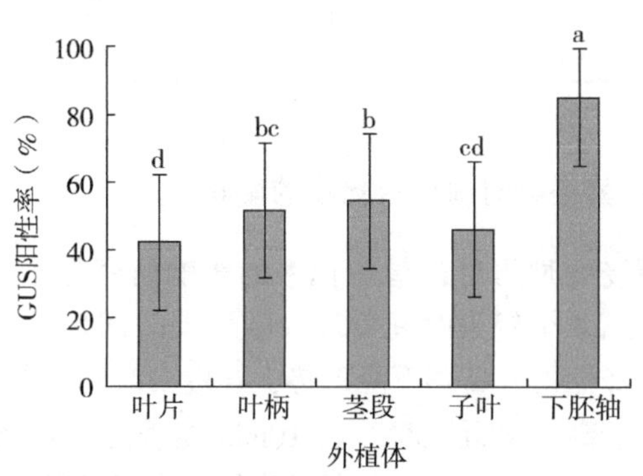

不同小写字母表示差异显著（$P<0.05$）

图4-4　5种外植体对遗传转化率的影响

4.3.5 农杆菌菌液浓度对苜蓿外植体转化率的影响

农杆菌菌液浓度对苜蓿外植体转化率的影响研究显示（表4-5），用OD_{600}值为0.2~1.0五个梯度的农杆菌菌液侵染苜蓿外植体，GUS 阳性发生率在 25.2%～57.6%，其中 OD_{600} 值为 0.6 时 GUS 阳性发生率最高，为 57.6%，OD_{600} 值为 1.0 最低，为 25.2%。GUS 阳性发生率随 OD_{600} 值升高变化趋势为先升后降，以菌液浓度 OD_{600} 为 0.6 时是拐点，当菌液浓度 OD_{600} 为 0.4 和 0.6 时，GUS 阳性发生率从 50.8%升至 57.6%，均处于高水平，二者相差不大。综合研究结果表明，侵染外植体的最适宜菌液 OD_{600} 应为 0.4～0.6。

表 4-5　农杆菌菌液浓度对转化率的影响

菌液浓度（OD_{600}）	GUS 阳性发生率（%）
0.2	26.4
0.4	50.8
0.6	57.6
0.8	43.5
1.0	25.2

4.3.6　农杆菌侵染时间对转化率的影响

农杆菌侵染时间对苜蓿转化率的影响研究显示（图 4-5），设置 1～20min 5 个侵染时间梯度，随侵染时间延长 GUS 阳性发生率呈现先降低再升高再下降趋势，在侵染时间为 10min 时 GUS 阳性发生率最高，接近 35%，且 10min 显著高于其他时间梯度，表明侵染时间应在 10min 更有利于苜蓿转化率提高。

显著性分析显示，侵染时间 5 个梯度 GUS 阳性发生率构成 4 类显著性差异，表明不同浸染时间对转化率产生显著影响，且以 10min GUS 阳性发生率最高，该侵染时间对其他时间梯度也均构成显著性差异。

综合研究结果表明，农杆菌浸染紫花苜蓿外植体最适宜的时间应为 10min。

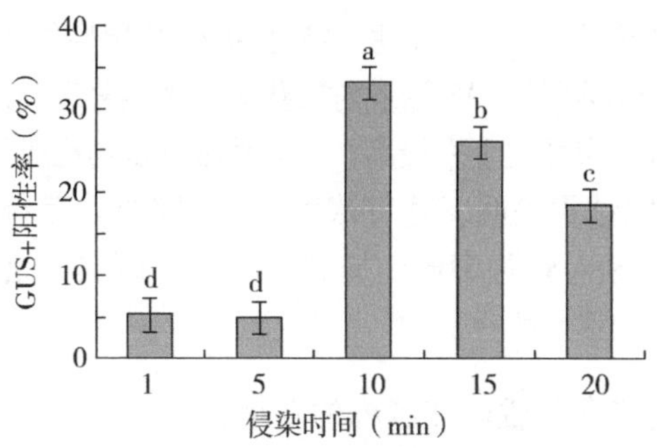

不同小写字母表示差异显著（P<0.05）

图 4-5 农杆菌侵染时间对转化率的影响

4.3.7 共培养基 AS 浓度对转化率的影响

共培养基 AS 浓度对苜蓿转化率的影响研究显示（图 4-6），设置 0~25mg/L AS 5 个浓度梯度，随 AS 浓度增加 GUS 阳性发生率呈现先升高再下降趋势，在浓度为 5mg/L、10mg/L 时 GUS 阳性发生率均显著高于未添加 AS，且以 10mg/L 时最高，达到 80%，10mg/LAS 浓度为影响转化率的拐点，AS 浓度升高到 15mg/L 及 20mg/L 时 GUS 阳性发生率反而低于未添加 AS。

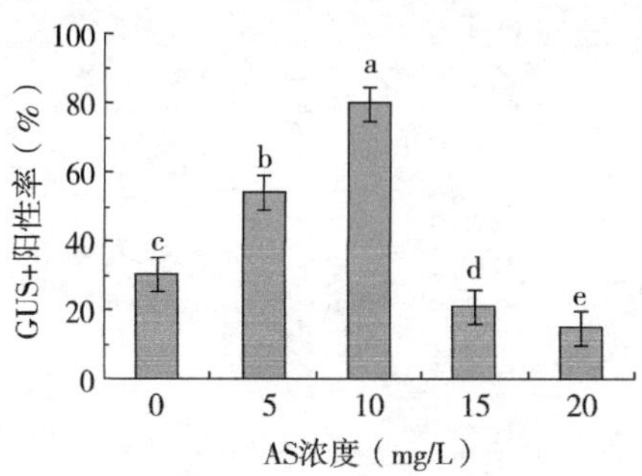

不同小写字母表示差异显著（P<0.05）

图 4-6 共培养基 AS 浓度对转化率的影响

显著性分析显示，5 个梯度 AS 浓度 GUS 阳性发生率构成 5 类显著性差异，表明不同 AS 浓度对转化率产生显著影响，且以 10mg/L AS 浓度 GUS 阳性发生率最高，对其他浓度也均构成显著性差异。

综合研究结果表明，适宜浓度 AS 能够提高苜蓿外植体转化率，高浓度 AS 对转化率产生抑制现象。本研究共培养基中添加 10mg/L 的 AS 最为适宜。

4.3.8 紫花苜蓿抗性转化植株的获得

将紫花苜蓿的下胚轴经过预培养 3d 后，用农杆菌侵染 10min，置于愈伤诱导培养基上共培养 3d 后，转入愈伤诱导筛选培养基中，在经过继代筛选培养后转入分化筛选培养基中，待分化出 3～5cm 的小苗时转入生根筛选培养基，最终获得抗 Kan 的紫花苜蓿转化植株（图 4-7）。

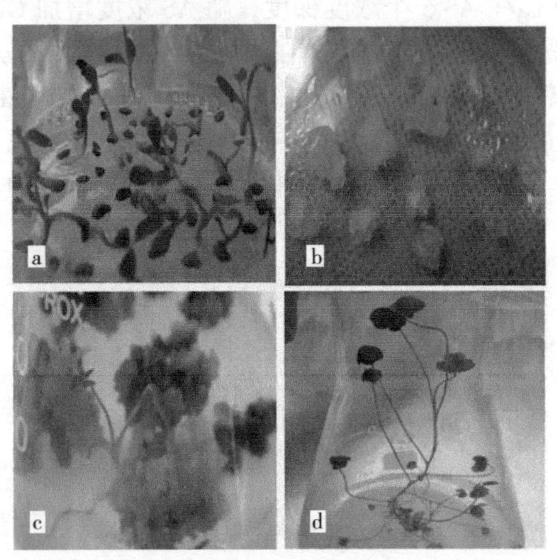

a. 无菌苗；b. 愈伤组织诱导；c. 愈伤组织分化；d. 转化植株

图 4-7　转基因再生植株流程

4.3.9 转化植株的 PCR 鉴定

提取转化植株的基因组 DNA，以质粒 pBI121-CBF1 做阳性对照，以非转基因植株作为阴性对照，进行 PCR 扩增。结果表明，部分转化植株扩增出了与阳性对照相同的大小为 650bp 左右的特异带，而阴性对照的泳道上没有该特征带，初步表明目的基因 *CBF1* 已经整合到“Hunter-river”紫花苜蓿基因组中（图 4-8）。

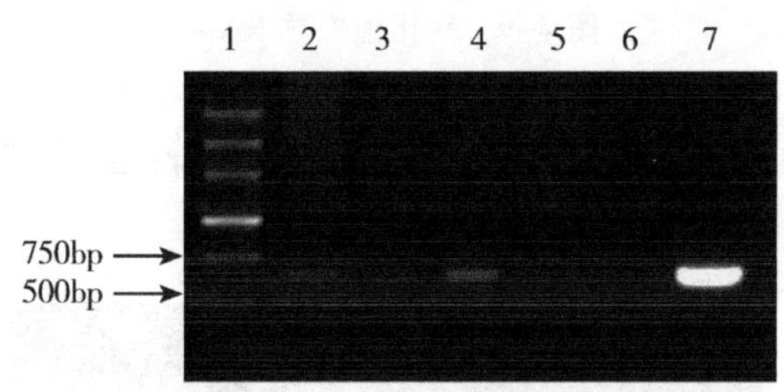

1. Maker；2~5. 转化植株；6. 阴性对照；7. 阳性对照

图 4-8 转化植株的 PCR 鉴定

4.3.10 转化植株的 RT-PCR 鉴定

为了进一步检测 *CBF1* 基因在苜蓿转化，植株中 mRNA 水平上的表达情况，提取转化植株总 RNA（图 4-9），TRIzol 法提取的转化植株总 RNA 电泳条带清晰，可见 28S、18S 和 5S 等条带，且 28S 和 18S 较亮，表明 RNA 完整性较好；因此根据测定 OD 值结果调整了 RNA 浓度后进行了反转录为 cDNA。

在 PCR 结果选择呈阳性的转化植株，进行半定量 PCR 实验，以管家基因 *Actin* 为参照物（图 4-10）。PCR 结果选择呈阳性的转化植株在 RT-PCR 结果并不全呈阳性，同时表明外源基因 *CBF1* 在部分苜蓿转化植株的转录水平上表达。说明 PCR 可

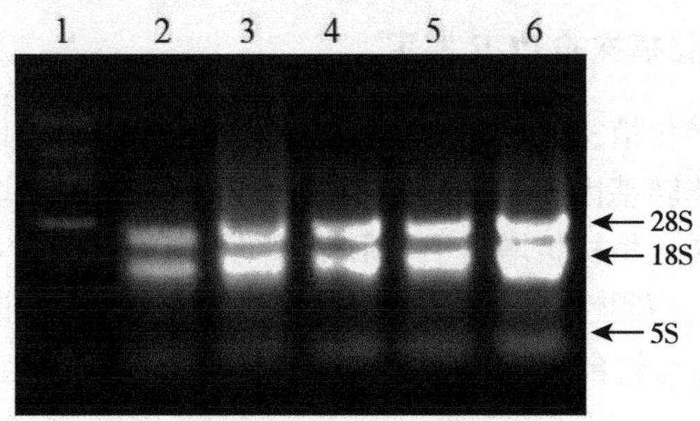

1. Maker；2~6. 转化植株

图 4-9 转化植株总 RNA

能有假阳性、转化植株中 *CBF1* 基因沉默或表达强度弱等问题。

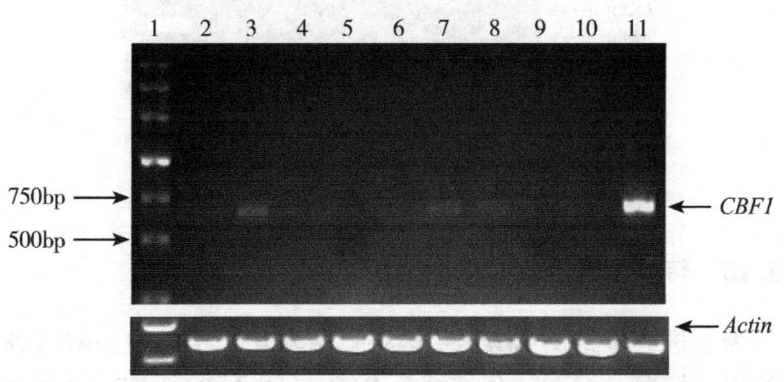

1. Maker；2~9. 转化植株；10. 阴性对照；11. 阳性对照

图 4-10 转化植株的 RT-PCR 鉴定

4.4 小结

本研究针对紫花苜蓿农杆菌遗传转化体系各环节进行了研究，研究结果如下。

（1）对于遗传转化受体而言，遗传转化抗生素应为 Carb，浓度应设置为 350mg/L，该浓度即可有效抑制农杆菌生长，又可以保证较高的胚性愈伤组织诱导率；紫花苜蓿最佳 Kan 浓度应为 60mg/L；比较猎人河、中苜 1 号及公农 1 号紫花苜蓿基因型，受体最佳基因型应为猎人河紫花苜蓿，其 GUS 阳性率为 57%；紫花苜蓿农杆菌遗传转化最佳外植体为下胚轴，其 GUS 阳性率在 80%以上。

（2）对于农杆菌而言，侵染外植体的最适宜菌液 OD_{600} 应为 0.4~0.6，其 GUS 阳性率为 50.8%~57.6%；浸染最适宜时间应为 10min，GUS+阳性发生率接近 35%；适宜浓度 AS 能够提高苜蓿外植体转化率，高浓度 AS 对转化率产生抑制现象，共培养基中添加 10mg/L 的 AS 最为适宜，GUS+阳性发生率达到 80%。

（3）对于基因转化而言，以最佳基因型紫花苜蓿（猎人河）的最佳外植体下胚轴愈伤组织为受体，最终获得抗 Kan 的紫花苜蓿 *CBF1* 基因转化植株。

（4）对于分子检测而言，提取转化植株的基因组 DNA 进行 PCR 扩增，扩增出了大小为 650bp 左右的特异带，初步表明目的基因 *CBF1* 已经整合到猎人河紫花苜蓿基因组中；为了进一步检测 *CBF1* 基因在苜蓿转录水平表达情况，对低温处理的转化植株提取 RNA 反转录为 cDNA 后进行半定量 PCR 实验，以管家基因 *Actin* 为参照，结果表明外源基因 *CBF1* 在部分苜蓿转化植株的转录水平上表达。

4.5 讨论

4.5.1 农杆菌菌株对转化的影响

农杆菌为革兰氏阴性土壤杆菌，含有致瘤 Ti 质粒，宿主范围相对较广，在自然状态下能通过伤口侵染植物。菌株的侵染能力是转化中关键的因素之一。菌株对材料的转化能力体现在两个方面：一是农杆菌能否吸附在植物细胞表面，Vir 区能否诱导表达，T-DNA 能否转至植物细胞并整合到植物基因组中；二是菌株对植物材料细胞的伤害程度。菌株的侵染能力是转化中最关键的因素之一。农杆菌有效地附着于植物细胞上是保证其 T-DNA 进入寄主植物细胞的前提，因此选择合适的菌株是转化成功的必要前提。本研究使用的农杆菌菌株 C58，载体 PBI121-CBF1 含有 CaMV35S 启动子、*GUS* 基因、*CBF1* 基因和 *Kan* 基因，这为基因的成功转化提供了很好的条件。

4.5.2 Kan 对转化效率的影响

在选择压力下，不含标记基因及其产物的非转化细胞和组织死亡，而转化细胞由于具抗性，可以继续存活，因而有利于从大量的非转化细胞和组织中选择出转化细胞。植物的外植体对 Kan 敏感性不同，因此在转化之前需确定合适浓度的 Kan，过高或过低浓度选择压力下，均不利于筛选转化细胞，过高则非转化细胞和转化细胞均被抑制，过低则难以去除非转化细胞。本研究显示，苜蓿外植体在 kan 浓度为 60mg/L 情况下对非转化细胞抑制性较强，说明苜蓿在愈伤阶段对卡那霉素承受能力较强。转化体细胞在高的选择压下其分裂能力可能降低，进而影响再生芽再生。研究中采用相对较高浓度 Kan，有可能影响苜蓿转化细胞再生，为此在筛选转化体时应用延迟筛选方式开展转化，结果再生芽生长良好，数量无显著减少现象，表明在高选择压下，延迟筛选能够提高植物转化效率。

4.5.3 侵染时间对转化效率的影响

外植体在菌液中的侵染严格受时间限制，时间过长或过短均

影响转化效率，侵染时间过短，农杆菌接种不充分，共培养时常出现农杆菌生长少，甚至无农杆菌现象，侵染时间过长，外植体会被农杆菌严重污染，引起外植体劣变。本研究结果表明，对于紫花苜蓿，最适宜的侵染时间为 10min，大于或小于 10min 外植体转化率均降低。不同植物、不同种或品种、不同植物器官或组织农杆菌侵染最适时间均具较大差异，如侵染香蕉以 5~8min 为宜，侵染白桦叶片以 10~20min，在开展外植体菌液侵染时即便有相关报道仍需进行侵染实验，因侵染受基因型影响相对较大，只有实际验证之后方可确定该份材料的最佳侵染时间，另外在设计实验时，侵染时间梯度应足够小，这样才能准确地划定实验材料的最佳农杆菌侵染时间，从而有效提高转化效率。

4.5.4 AS 对转化效率的影响

AS 为酚类化合物，常应用于基因转化诱导，在诱导时 AS 浓度不同常产生截然相反的诱导或抑制效果，有研究显示，将 AS 应用于小麦农杆菌介导遗传转化时，只有特定浓度范围的 AS 溶液能够提高诱导能力，偏于此浓度范围均对转化效率产生负面影响。本试验验证了这一观点，在设置的多梯度 AS 浓度下，5~10mg/L 浓度范围内苜蓿转化率有所提高，其他浓度转化率均表现低于对照水平，可见苜蓿应用 AS 提高转化率时需设置多梯度 AS 浓度进行甄选。

4.5.5 转化植株的鉴定

在转基因植物中目标基因是否成功转化，转化后是否正常表达是基因转化后检测的重要工作之一。目前对转基因植物中目标基因整合和表达的检测技术较多，可以分类为基于分子生物技术的直接检测和表型的间接检测。分子生物学检测中常用方法为 PCR 检测、qPCR 检测、Southern 杂交和 Northern 杂交等，而表型检测是以该基因表达条件为前提，诱导表达后测定转化植株的生理生化特征或该基因表达导致的一些生物学功能等。本研究对抗性选择压下获得的转化植株进行 PCR 检测和表达水平的半定量 PCR 检测，初步筛选了转化植株。研究发现，PCR 检测结果显示阳性的转化植株通常存在一定比例的假阳性，其原因可能为抗生素筛选压过低，抗性基因释放庇护非转化细胞分化或共培养筛选非转化细胞逃逸等现象引发。因此，有必要对 PCR 检测阳性植株进一步验证，以减少假转化现象发生。对 PCR 检测阳性苜蓿植株进行半定量分析结果显示，PCR 检测中阳性个体在转录水平上差异较大，具体原因可能为 PCR 检测或半定量 PCR 检测的技术稳定性问题，也可能为转化植株的 *CBF1* 基因表达量过低或基因沉默现象发生，因此须对该问题开展进一步研究，以确定其具体原因。

5 转基因紫花苜蓿抗寒性鉴定

5.1 材料

5.1.1 植物材料

猎人河 PCR 阳性转基因苜蓿植株 T2、T3、T8、T9、T11、T15、T19、T34、T49 及未转化对照植株 CK 分枝期新鲜健康无病虫害的叶片，用于抗寒生理指标测定。

猎人河 PCR 阳性转基因苜蓿植株 T2、T3、T8、T9、T11、T15、T19、T34、T49 及未转化对照植株 CK 全株，用于人工模拟寒冻天气整株寒冻法鉴定。

5.1.2 叶片处理

将转基因苜蓿及对照叶片采集后分袋封存，置于 4℃ 的低温条件下胁迫处理 1 周，然后分别测定相对电导率、脯氨酸含量、可溶性糖含量和丙二醛含量 4 项抗寒生理指标。

5.1.3 整株处理

将转基因苜蓿及对照栽植于营养钵内（营养土：蛭石 = 1：2）温室培养，在分枝期选取健壮无病害植株置于人工气候室 -2~0℃条件下处理 7d，根部用蛭石隔热，处理后取出于室温 20~25℃下恢复生长。

5.2 方法

叶片测定相对电导率、脯氨酸含量、可溶性糖含量和丙二醛含量 4 项抗寒生理指标，整株测定植株受冻害和恢复生长情况。

5.2.1 游离脯氨酸测定

游离脯氨酸含量采用酸性茚三酮比色法测定。

药品配制。2%的酸性茚三酮试剂：称取 2.5g 茚三酮→加入 60mL 冰乙酸→加入 40mL 6mol/L 的磷酸→加热溶解→冷却贮于棕瓶中备用（85%的磷酸约为 14.6mol/L）。

3%磺基水杨酸。称取 3g 磺基水杨酸，溶于 100mL 蒸馏水中。

标准曲线绘制。称取 10mg 脯氨酸，溶于 100mL 蒸馏水中，配成浓度为 100μg/mL 的脯氨酸母液，按表 5-1 配制溶液，并绘制标准曲线。

在沸水浴中加热显色 50min，冷却至室温，测定 OD_{520}数值，以溶液含脯氨酸量（μg）为横坐标，吸光度（OD_{520}）为纵坐标。

游离脯氨酸测定如下。

（1）提取。称取 0.2g 植物材料→剪碎后放入试管中→加 5mL 3%磺基水杨酸→在沸水浴中提取 10min→3 000 r/min 离心 5min。上清液为游离脯氨酸提取液。

（2）测定。提取液 1mL→冰醋酸 1mL→茚三酮 2mL→水 1mL→沸水浴中加热显色 50min→冷却至室温→比色测定 OD_{520}（以蒸馏水为参比液）→查标准曲线得样品中 Pro 浓度。

表 5-1　脯氨酸标准曲线溶液配制

母液取量（mL）	用蒸馏水定容（mL）	脯氨酸浓度（μg/mL）	定容液（mL）	冰乙酸（mL）	茚三酮（mL）	水杨酸（mL）
0	50	0	1	1	1	1
1	50	2	1	1	1	1
2	50	4	1	1	1	1
3	50	6	1	1	1	1
4	50	8	1	1	1	1
5	50	10	1	1	1	1

计算：

$$\text{游离脯氨酸含量}(\mu g/g)=\frac{C\times V_1\times V_2}{v\times W}$$

式中，C 为样品比色液的游离脯氨酸浓度（μg/mL），由基于游离脯氨酸显色浓度的标准曲线查得；

V_1 为样品研磨或煮沸提取液总量；

V_2 为显色反应液；

v 为样品测定汲取液；

W 为植物材料重量。

5.2.2　丙二醛含量测定

采用酶液提取法。

试剂配制：MDA 含量测定所需试剂主要为石英砂、磷酸钠缓冲液、5%三氯乙酸溶液及 0.6%硫代巴比妥酸溶液。其中磷酸钠缓冲液配制浓度为 0.05mol/L，pH 值为 7.5；5%三氯乙酸溶液配制以 5g 三氯乙酸蒸馏水溶解，定容为 100mL 溶液；0.6%硫代巴比妥酸溶液试验试剂配制为 5%三氯乙酸溶液溶解 0.6g 硫代巴比妥酸，定容为 100mL；石英砂适量。

MDA 提取流程：0.2g 样品→添加 2mL 预冷的磷酸缓冲液→

混合液置入研钵，加入石英砂研磨成均匀浆液→研磨匀液置入到离心管→磷酸缓冲液 3mL 冲洗研钵，清洗液移入离心管→离心 10min（4 000 r/min）→静置取上清液（丙二醛提取液）

MDA 测定流程：

量取 2mL 丙二醛提取液→添加 0.6%硫代巴比妥酸溶液 2mL→混合液水浴（沸水浴）加热 10min，冷却→混合液离心 10min（4 000 r/min）→静置取上清液分光光度计测定吸光值（OD_{532}、OD_{600}，蒸馏水为对照）

计算公式：

$$丙二醛含量(\mu mol/g)=\frac{OD_{532}-OD_{600}}{0.155\times R\times V/v\times 1/W}$$

式中，V/v 为提取液总量/测定液总量；

R 为反应液总量；

W 为材料鲜重（或干重）；

0.155 为丙二醛的摩尔浓度消光系数。

5.2.3 可溶性糖含量测定

可溶性糖含量的测定采用蒽酮显色法。

试剂配制：在冷水中，将 1.0g 蒽酮溶于 500mL 硫酸中（475mL 硫酸倒入 25mL 蒸馏水中）。

制作标准曲线：取 7 支干燥洁净的试管，编号后按表 5-2 操作。

每管加入葡萄糖标准液和水后立即混匀，待各管都加入蒽酮试剂后同时置于沸水浴中，准确加热 7min，立即取出，迅速冷却。待各管溶液达室温后，用 1cm 厚度的比色皿，以第 1 管为空白，迅速测其余各管的光吸收值。然后以第 2~7 管溶液含糖量（μg）为横坐标，吸光度（OD_{620}）为纵坐标，画出含糖量与 OD_{620} 值的相关标准曲线。

表 5-2 可溶性糖标准曲线溶液配制

编号/试剂（mL）	1	2	3	4	5	6	7
葡萄糖标准液（100μg/mL）	0	0.1	0.2	0.3	0.4	0.6	0.8
H_2O	1.0	0.9	0.8	0.7	0.6	0.4	0.2
蒽酮试剂	10	10	10	10	10	10	10

取 0.2g 处理组植物材料剪碎放入烧杯中，加 8～10mL 蒸馏水，在沸水中浸提 40min，移入容量瓶，定容到 25mL。从定容液中取 1mL，加入 9mL 蒸馏水，按表 5-3 测定 OD_{620}。

表 5-3 可溶性糖吸光值测

编号	提取液（mL）	蒸馏水（mL）	硫酸-蒽酮（mL）	OD_{620}
1（CK）	0	2	6	调零
2	2	0	6	—
3	2	0	6	—

计算公式：

$$可溶性糖(\%)=C\times(V/a)\times n/W\times 1\,000\times 100$$

式中，C 为标准曲线对应样品葡萄糖微克数；

V 为样品提取液总体积；

a 为显色用样溶液剂量；

n 为稀释倍数；

W 为样品重量；

1 000 为换算为 mg。

5.2.4 相对电导率测定

截取长条形叶片 0.1g→置于 10mL 蒸馏水的刻度试管→室温

下 12h 浸泡处理→电导仪测定浸提液电导→试管沸水浴加热 30min→电导仪测定浸提液电导（试管冷却至室温后摇匀）。

计算公式：

$$相对电导率(\%)=(R1/R2)\times 100$$

式中，$R1$ 为 12h 浸泡后浸提液电导；

$R2$ 为 30min 沸水浴后浸提液电导。

5.2.5 人工模拟寒冻天气整株寒冻法测定

转基因苜蓿及对照均置于人工气候室-2～0℃条件下处理 7d，根部用蛭石隔热，观测叶片水渍状、萎蔫等受害症状，统计均以植株中层叶片为观测对象，选取 30 个叶片，用中性笔标记。低温处理后取出材料于室温 20～25℃下恢复生长，7d 及 14d 分别统计植株恢复生长或地上部死亡情况。

因转基因苜蓿数量有限，故转基因苜蓿及对照设置 3 次重复，相应数据辅助参考生理指标测定，严格人工模拟需进一步验证。

5.3 结果与分析

5.3.1 低温胁迫下转基因苜蓿相对电导率分析

相对电导率可以反映细胞膜受伤害的程度，相对电导率越高，细胞膜受伤害越严重。由图 5-1 可以看出，低温胁迫下，转基因苜蓿各植株的相对电导率均比对照植株低，膜伤害程度均降低。相对电导率的高低排序为 CK>T15>T8>T19>T3>T34>T2>T49>T11>T9，转基因植株平均相对电导率为 15.8%，对照为 36.3%，几乎下降 1/2，表明转基因植株耐寒性提高显著。

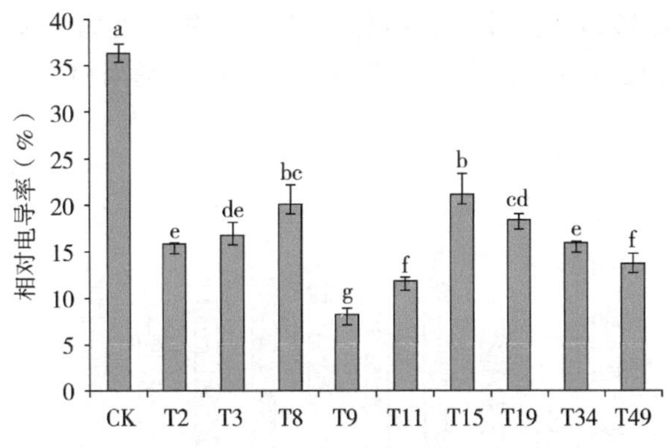

图 5-1　低温胁迫下转基因苜蓿材料相对电导率

转基因植株间比较，根据其差异显著性分析，将 9 份材料划分为 4 类，类之间多数植株具显著性差异。T9 材料电导率最低为 8.2%，耐寒性最强，T11 与 T49 之间无显著性差异，耐寒性次之，其余各类依据耐寒性强弱分别为 T3、T2、T34 材料，最差为 T8、T19 和 T15。在选取耐寒性材料时，类间可作为区分参考。

相对电导率测定结果显示，转入抗寒基因后所有植株均表现出高于对照的抗寒性，基因在植株材料中得以表达，以 T9 材料耐低温胁迫能力最强，即 T9 材料转入抗寒基因后基因表达效果最为显著，是最为耐寒的转基因植株。

5.3.2　低温胁迫下转基因苜蓿脯氨酸含量分析

在逆境下脯氨酸大量积累，调节细胞，使植物适应逆境。低温条件下，植物组织中脯氨酸含量的增加，可以提高植物的抗寒性。图 5-2 表明，在 4℃低温胁迫的条件下，转基因苜蓿脯氨酸含量均高于对照，具有较高浓度的脯氨酸积累。转基因植株间脯氨酸含量的高低排序为 T11>T9>T3>T34>T15>T49>T2>T8>T19>CK，转基因植株平均脯氨酸浓度为 539.4μg/g，对照为 312.8μg/g，含量升高明显，表明转基因植株耐寒性提高显著。

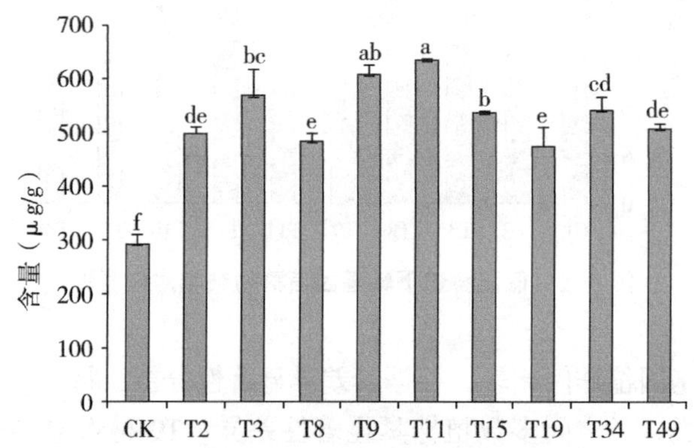

图 5-2　低温胁迫下转基因苜蓿脯氨酸含量

转基因植株间比较，根据其差异显著性分析，将 9 份材料划分为 3 类，类之间多数植株具显著性差异。T9、T11 材料脯氨酸含量相对最高，达到 600μg/g 以上，为耐寒性最强植株类，第 2 类材料为 T3、T15、T34，脯氨酸含量在 500μg/g 以上，耐寒性次之，最差为第三类，包括 T8、T2、T19、T49 材料。在选取耐寒性材料时，类间可作为区分参考。

脯氨酸测定结果显示，转入抗寒基因后所有植株均表现出高于对照的抗寒性，基因在植株材料中得以表达，以 T9、T11 材料耐低温胁迫能力最强，即 T9、T11 材料转入抗寒基因后基因表达效果最为显著，是最为耐寒的转基因植株。

5.3.3 低温胁迫下转基因苜蓿可溶性糖含量分析

植物细胞内可溶性糖含量高，可以增加原生质浓度，降低细胞内含物的冰点，从而起到抗脱水作用及减少细胞内结冰的机会，对原生质、冻敏感蛋白质、偶联因子等起到保护作用。图5-3表明，在4℃低温胁迫的条件下，转基因苜蓿可溶性糖含量均高于对照，具有较高浓度的可溶性糖积累。转基因植株间可溶性糖含量的高低排序为T3>T9>T11>T49>T34>T15>T2>T19>T8>CK，转基因植株平均可溶性糖浓度为0.53μg/g，对照为0.32μg/g，含量升高明显，表明转基因植株耐寒性提高显著。

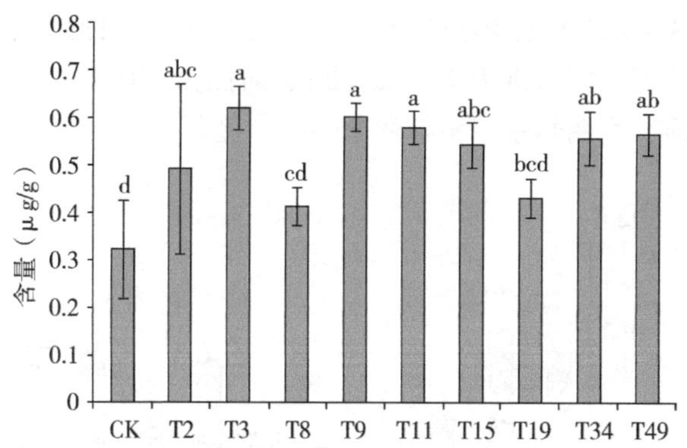

图5-3 低温胁迫下转基因苜蓿可溶性糖含量分析

转基因植株间比较，根据其差异显著性分析，将9份材料划分为3类，类之间多数植株具显著性差异。T3、T9、T11材料可溶性糖含量相对最高，达到0.58μg/g以上，为耐寒性最强植株类，第二类材料为T2、T15、T8、T49及T34，耐寒性次之，最差为第三类，包括T8、T19材料与对照无显著差异。在选取耐低温胁迫材料时，类间可作为区分参考。

可溶性糖测定结果显示，转入抗寒基因后除 T8、T19 材料外均表现出高于对照的抗寒性，基因在植株材料中得以表达，以 T3、T9、T11 材料耐低温胁迫能力最强，即 T3、T9、T11 材料转入抗寒基因后基因表达效果最为显著，是最为耐寒的转基因植株。

5.3.4 低温胁迫下转基因苜蓿丙二醛含量分析

丙二醛含量高说明植物膜脂过氧化程度高，耐低温胁迫能力弱，反之，丙二醛含量低，植物耐低温胁迫能力强。图 5-4 表明，在 4℃低温胁迫的条件下，转基因苜蓿丙二醛含量均低于对照，具有较低浓度的丙二醛积累。转基因植株间丙二醛含量的高低排序为 CK>T2>T34>T15>T49 与 T19>T3>T11>T8>T9，转基因植株平均丙二醛浓度为 76.4μmol/g，对照为 110.8μmol/g，含量下降明显，表明转基因植株耐寒性提高显著。

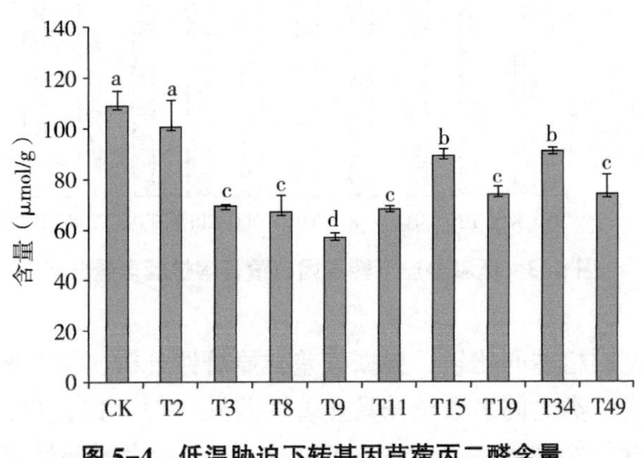

图 5-4　低温胁迫下转基因苜蓿丙二醛含量

转基因植株间比较，根据其差异显著性分析，将 9 份材料划分为 4 类，类之间多数植株具显著性差异。T9 材料丙二醛含量

相对最低，为 55. 6μmol/g，为耐寒性最强植株类，第二类材料为 T3、T8、T11、T19 和 T49，耐寒性次之，第三类包括 T15 和 T34 材料，最差为 T2 材料，丙二醛含量与对照无明显差异。在选取耐寒性材料时，类间可作为区分参考。

丙二醛含量测定结果显示，除 T2 植株外转入抗寒基因后所有植株均表现出高于对照的抗寒性，基因在植株材料中得以表达，以 T9 材料耐低温胁迫能力最强，即 T9 材料转入抗寒基因后基因表达效果最为显著，是最为耐寒的转基因植株。T2 植株在丙二醛含量上与对照无显著差异，其耐低温胁迫性能及基因转入表达与否需进一步验证。

5. 3. 5　低温胁迫下人工模拟寒冻天气分析

人工模拟低温胁迫对于判断植株耐低温胁迫能力具有参考意义，人工模拟相对于大田低温其可控性强，植株均在外界条件一致的基础上承受低温胁迫，人工模拟对于横向测试各材料低温胁迫反应误差小，准确性高。本研究人工模拟旨在判断转入 *CBF1* 基因苜蓿及对照之间比较其受害程度，从而了解各材料的耐低温胁迫能力强弱。

图 5-5 表明，在人工模拟条件下，转基因苜蓿植株表现出较强的耐低温胁迫能力，受害叶片数目均低于对照，且大部分株系与对照构成显著性差异，转基因苜蓿受害叶片数目在 6～19 片/株，平均为 12. 2 片/株，对照为 20 片/株，转基因苜蓿受害叶片最少的为 T9、T11 材料为 6～7 片/株，最高的为 T2 材料，为 19 片/株。转基因苜蓿及对照叶片受害数目排序为 CK>T2>T49>T15>T8=T19>T34>T3>T11>T9。

根据其差异显著性分析，将 9 份材料划分为 3 类，类之间多数植株具显著性差异。T9、T11 材料受害叶片相对最少，为耐低温胁迫最强植株类，第二类材料为 T3、T8、T19、T34、T49 和

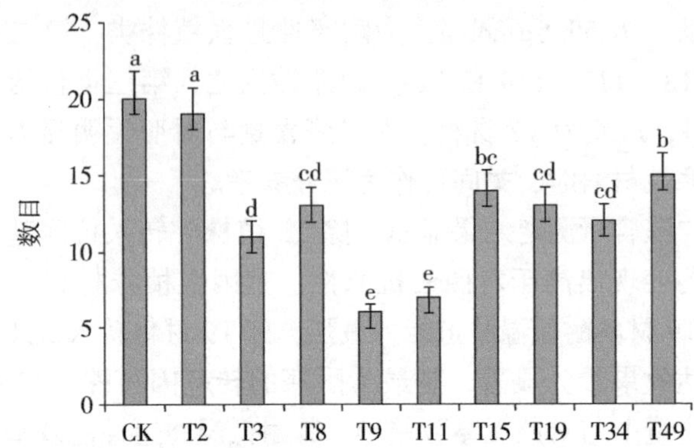

图 5-5　低温胁迫下转基因苜蓿材料叶片受害数目

T15，耐寒性次之，第三类为 T2 材料，其受害叶片数目与对照无显著性差异。

表 5-4 显示，在 20～25℃下恢复生长，7d 及 14d 统计植株恢复生长或地上部死亡情况发现，所有植株无地上部分死亡现象，即-2～0℃胁迫未达到半致死温度，7d 培养时转基因植株 T3、T9、T11 材料完全恢复，其他材料在 14d 时完全恢复，恢复率为 100%，恢复以 T3、T9、T11 材料恢复最快。

表 5-4　低温胁迫后植株完全恢复情况

时间	CK	T2	T3	T8	T9	T11	T15	T19	T34
7d	—	—	✓	—	✓	✓	—	—	—
14d	✓	✓	✓	✓	✓	✓	✓	✓	✓

注：✓代表植株已完全恢复，—代表植株未完全恢复。

人工模拟寒冻天气测定结果显示，除 T2 植株外转入抗寒基因后所有植株均表现出高于对照的抗寒性，基因在植株材料中得以表达，以 T9 材料耐低温胁迫能力最强，且恢复也快，T9 材料转入抗寒基因后基因表达效果最为显著，是最为耐寒的转基因

植株。

5.4 小结

依据相对电导率、脯氨酸含量、可溶性糖含量和丙二醛含量4项抗寒生理指标测试及人工模拟低温气候室测试结果，分析发现转 *CBF1* 基因苜蓿植株比对照植株抗寒性有所提高，转基因各植株之间有差异，各指标综合结果来看，T9、T11 和 T3 的抗寒性较其他植株高，且 T9 表现最优。

5.5 讨论

5.5.1 转入抗寒基因后苜蓿植株耐寒生理检测指标筛选

植物耐低温胁迫能力通常为野生状态下，植物经长期自然选择产生的适应性进化表现，是植物本身生理生化适应机制的综合表现。鉴定植物种或品种间抗寒能力或耐低温胁迫能力最为直观、传统、有效的方法为大田越冬存活率调查，即经历冬季低温胁迫后，在大田或小区对植物存活率进行统计，从而单一指标比较其抗寒性差异。田间统计越冬存活率描述植物抗性优点在于方法简单，结果直观，局限性为对季节依赖性强，且需观测足够样本、足够时间跨度才具有代表性。植物的抗寒性另一测定法为间接测定方式，Schwab 等研究认为，评价植物抗寒性或耐低温胁迫时，可以在实验室内凭借一个或几个指标进行评定，该种方法对于育种人员收集和评估种质资源起到辅助作用，研究人员进一步发现，低温逆境条件下，植物体内酶的活性、细胞膜透性、生理生化组分及细胞生活力等均发生明显变化，该变化具有可测性，可作为间接鉴定植物抗寒性的生理指标。植物抗寒性研究实践显示，生理指标测试受季节限制小，测定方法成熟。苜蓿室内间接测试抗寒性的方法多采用生理指标测定法，该方法依据苜蓿耐低温胁迫的生理指标变化对植物抗寒性进行比较，通常选取对胁迫较为敏感的生理指标进行测试。

植物耐寒生理指标通常主要包括叶绿素含量、膜透性、可溶性糖、可溶性蛋白、游离脯氨酸（Pro）、超氧化物歧化酶（SOD）、丙二醛（MDA）、过氧化氢酶（CAT）、抗坏血酸过氧化物酶（APX）、谷胱甘肽过氧化物酶（GSH-Px）等指标，测定方法分光光度法测定叶绿素含量，相对电导率法测定膜透性，蒽酮比色法测定可溶性糖含量，酸性茚三酮法测定脯氨酸含量，考马斯亮蓝 G-250 染色法测定可溶性蛋白质含量，代巴比妥酸法测定丙二醛含量，氮蓝四唑光化还原法测定超氧化物歧化酶活性，高锰酸钾滴定法测定过氧化氢酶活性，双抗体夹心法测定抗坏血酸过氧化物酶，直接测定法测定谷胱甘肽过氧化物酶活性。耐低温胁迫或耐寒生理指标中，当植物受低温胁迫时，可溶性糖含量、游离脯氨酸含量呈现增加的趋势，丙二醛含量越高，植物受害越重，抗坏血酸过氧化物酶、超氧化物歧化酶、过氧化氢酶及谷胱甘肽过氧化物酶含量越高，植物受害越轻。

在众多的耐低温胁迫或耐寒生理指标中，相对高效成熟的生理指标筛选对于准确评价植物受低温胁迫后抗性的强弱具有重要实践意义，也是植物生理研究的一项主要内容。苜蓿抗寒性生理研究分别在取样部位、取样季节、指标选取几个方面开展，在取样部位上基本以叶片、茎、根茎为研究对象，在季节上以冬春苜蓿易受害季节选取样品，指标选取叶绿素含量、膜透性、可溶性糖、可溶性蛋白、游离脯氨酸、超氧化物歧化酶、丙二醛、过氧化氢酶、抗坏血酸过氧化物酶、谷胱甘肽过氧化物酶等指标在报道中均有选用，但全面选取以上指标的未见报道。

结合研究实际及以往文献，在苜蓿转基因植株中进行取样部

位和耐寒性生理指标筛选，取样部位，叶片相对易于采集，且叶片防护能力最低，为检验植株耐寒性的最佳植物器官。耐寒性生理指标最具代表的指标应为膜透性、可溶性糖含量、游离脯氨酸含量及丙二醛含量，这些指标技术成熟，表现稳定，相对误差较小，且各指标可从多方面生理响应叶片的低温胁迫，能够说明植株的生理抗寒特性。取样部位及指标选择基于以往的文献分析及常规认识，但针对转 *CBF1* 基因猎人河苜蓿阳性材料是否最佳，应进一步开展比较研究，以往文献未见类似报道，所以需获得基础数据支持实验，这有待于更多实验完善。

5.5.2 转入抗寒基因后苜蓿植株抗寒性直接鉴定法选择

抗寒性鉴定方法众多，常须根据植物种类、器官、组织类型不同，植物的发育时期、生理状况不同，选用不同的抗寒性研究与测试方法。植物抗寒性鉴定分为直接鉴定和间接鉴定方法，直接鉴定法主要有人工模拟低温胁迫与大田抗寒性鉴定，人工模拟低温胁迫其基础是人工控制植物生长条件，植株均在外界条件一致的基础上承受低温胁迫，区别于大田的抗寒性鉴定缘于条件的一致性，大田受地形、地力等多种因素制约，在植株个体间很难满足外界条件的绝对一致，但更贴近于生产实际，其实用性更强，人工模拟与大田鉴定各具优缺点，在使用上也各有侧重点。

本研究在选用直接鉴定法鉴定转基因各株系的抗寒性强弱时，侧重于横向比较转基因植株间、转基因植株与对照间比较选取人工模拟寒冻天气方法进行鉴定。人工模拟寒冻天气可控性强，对于横向测试各材料低温胁迫反应误差小，准确性高，大田鉴定则变异因素多，更有利于比较材料纵向间抗寒性强弱。使用人工模拟方法鉴定研究抗寒性强弱须辅助于其他检测手段，因该方法设置外界条件稳定，缺乏纵向因素调节，不能综合反映植株在自然界的生长发育状况。在众多的抗寒性鉴定方法中，生理指标测试植物抗寒性研究历史长、效果好、技术成熟，且可以有效补充植株的纵向条件缺失，通过实验也验证了二者结合的综合抗寒性鉴定结果。对于转基因苜蓿抗寒性强弱鉴定应将直接鉴定与间接鉴定相结合，其结果才能够比较全面地反映植株材料的真实情况。

本研究在使用人工模拟鉴定时选取转基因苜蓿叶片受害与否作为主要观测指标，这与实验的生理测试指标相一致，即在选取指标上要结合实际研究内容，在横向、纵向指标选取时应趋于一致，从而有利于比较分析。

6 结论与今后研究方向

6.1 结论

为研究冷诱导转录因子 *CBF1*（C-repeat-binding-factor）基因对我国优良豆科牧草紫花苜蓿的抗寒性改良作用，本研究以紫花苜蓿品种‘中苜 1 号’‘公农 1 号’和‘猎人河’为受体材料，采用农杆菌介导法将拟南芥冷诱导转录因子 *CBF1* 基因转入其中获得了转基因紫花苜蓿植株，PCR 和 RT-PCR 检测结果表明目的基因 *CBF1* 已经整合至紫花苜蓿基因组中并在其转录水平表达，抗寒生理指标测定结果表明转 *CBF1* 基因紫花苜蓿的抗寒性得到提高。这为下一步选育紫花苜蓿抗寒新品种奠定了良好的基础。

本研究的主要研究结论如下。

（1）建立了紫花苜蓿高效组织培养再生体系。筛选出紫花苜蓿组织培养最适培养基分别为：愈伤组织诱导培养基（SH+2. 0mg/L 2,4-D+0. 5mg/L 6-BA）；愈伤组织继代培养基（MSO+0. 5mg/L NAA+1. 0mg/L 6-BA+1. 0mg/L $AgNO_3$ 和 MS+0. 3mg/L TDZ）；分化培养基（MS+0. 2mg/L KT）。

紫花苜蓿 5 种外植体下胚轴、茎段、叶柄、子叶和叶片均可以组织培养再生成苗，但以下胚轴的分化率最高，是用于紫花苜蓿组织培养的最佳受体材料。

在中苜 1 号、猎人河和公农 1 号 3 个紫花苜蓿品种中，猎人河的愈伤组织分化率最高，为3个苜蓿品种中进行组织培养的最佳基因型。

（2）克隆了拟南芥*CBF1*和*CBF4*基因及构建了适于紫花苜蓿遗传转化的植物表达载体。本研究从拟南芥中利用PCR方法分离得到了*CBF1*、*CBF4*基因及*CBF1*特异启动子，并且分别构建了由CaMV 35s启动子和来源于拟南芥的*CBF1*启动子驱动的植物表达载体PBI121-CBF1、PBI-PRO-CBF1、PBI121-CBF4。

（3）转基因苜蓿的获得及抗寒性检测。通过对影响紫花苜蓿遗传转化的一些因子进行研究，确定出最佳农杆菌抑制剂为350mg/L Carb；最佳Kan筛选浓度为60mg/L；最佳受体基因型为猎人河苜蓿；最佳外植体为下胚轴；最适宜农杆菌菌液浓度OD_{600}为0.4~0.6，侵染时间10min；AS最适浓度10mg/L。

利用农杆菌介导法将*CBF1*基因转入紫花苜蓿，获得了抗Kan的转基因紫花苜蓿植株。经过PCR检测，部分转化植株扩增出了大小为650bp左右的特异带，初步表明目的基因*CBF1*已经整合到紫花苜蓿基因组中，进一步通过RT-PCR检测，表明外源基因*CBF1*在部分紫花苜蓿转化植株的转录水平上表达。

测定了转基因苜蓿相对电导率、脯氨酸含量、可溶性糖含量和丙二醛含量4项抗寒生理指标，结果表明，转*CBF1*基因苜蓿植株比对照植株抗寒性有所提高，转基因各植株之间有差异，各指标综合结果来看，T9、T11和T3的抗寒性较其他植株高，且T9表现最优。

将转基因苜蓿低温处理后观察其冷害症状，结果表明，转基因苜蓿植株表现出较强的耐低温胁迫能力，受害叶片数目均低于对照植株，且大部分株系与对照构成显著性差异，在恢复生长后，虽然转基因植株和对照植株均无地上部分死亡现象，但恢复速度转基因苜蓿植株较对照植株更快。这些结果直观显示，过量表达*CBF1*基因的转基因苜蓿的抗寒性获得了提高。

6.2 今后研究方向

根据本研究的实际情况，为了进一步完善苜蓿转基因研究体系，实现研究的扩大化及实用化，今后研究的主要扩展方向应在以下几方面。

扩大研究对象范围，甄选出性状更为优良的苜蓿材料开展抗寒基因转化，获得系列转基因材料，将高产优质的苜蓿材料栽培范围扩展。

目前本研究获得的紫花苜蓿转基因植株T0代已移栽到大田，其田间形态学观测、抗性实验、T1代和T2代遗传稳定性以及田间安全检测等研究应是今后的重点研究方向。

本研究虽然克隆到了拟南芥抗旱转录因子 *CBF4* 基因，但由于时间原因未开展其紫花苜蓿遗传转化研究，后期将开展相关研究。

由于时间原因，本研究只将由组成型启动子 *CaMV35s* 调控冷诱导转录因子 *CBF1* 基因的植物表达载体进行了紫花苜蓿遗传转化，下一步研究中将开展由 *CBF1* 特异性启动子调控冷诱导转录因子 *CBF1* 基因转化紫花苜蓿，研究 2 种启动子调控下的 *CBF1* 转录因子哪个能更好地发挥 *CBF1* 基因的功能，更加有利于提高紫花苜蓿的抗寒性。

主要参考文献

白静仁，何茂泰，袁清，等，1994. 野生黄花苜蓿叶肉原生质体培养和植株再生［J］. 草地学报，1（2）：59-63.

柴燕文，马晖玲，谢小冬，等，2008. 应用正交设计优化紫花苜蓿愈伤组织诱导的激素配比［J］. 草原与草坪（5）：40-43.

陈宝书，2001. 牧草饲料作物栽培学［M］. 北京：中国农业出版社.

陈廷速，张军，夏宁邵，等，2002. 影响根癌农杆菌介导的香蕉遗传转化因素研究［J］. 广西农业生物科学（1）：26-31.

崔凯荣，戴若兰，2000. 植物体细胞胚胎发生的分子生物学［M］. 北京：科学出版社.

邓小燕，张兴国，井鑫，等，2004. 冷诱导转录因子基因 *CBF3* 转化黄瓜的研究［J］. 西南农业大学学报（自然科学版），26（5）：603-605.

段红英，丁笑生，周延清，等，2008. 根癌农杆菌介导油菜 *CBF1* 基因转化拟南芥［J］. 安徽农业学，36（14）：5775-5776.

范霞，那顺，2001. 紫花苜蓿栽培技术及应用［J］. 内蒙古农业科技（5）：47.

盖树鹏，孟祥栋，2000. 转基因植物的筛选和检测［J］. 山东农业大学学报，31（1）：95-100.

高必达，1994. 植物抗病基因工程研究进展［J］. 湖南农学院学报，20（6）：587-596.

葛军，刘振虎，卢欣石，2004. 紫花苜蓿再生体系研究进展［J］. 中国草地，26（2）：63-68.

耿华珠，1995. 中国苜蓿［M］. 北京：中国农业出版社.

耿小丽，魏臻武，程鹏舞，等，2008. 苜蓿花药培养及倍性鉴定［J］. 草原与草坪（5）：1-5.

耿小丽，魏臻武，姚喜红，2011. 苜蓿花药愈伤组织胚状体诱导因素的研究［J］. 草原与草坪（31）3：77-80.

郭光沁，夏光敏，李忠谊，1990. 小麦原生质体再生细胞直接形成体细胞胚和再生植株［J］. 中国科学：B 辑（9）：970-974.

郭振飞，2009. 几个黄花苜蓿耐寒相关基因的功能验证［C］. 中国草学会牧草育种委员会第七届代表大会论文集.

韩利芳，张玉发，2004. 烟草 *MnSOD* 基因在保定苜蓿中的转化［J］. 生物技术通报（1）：39-46.

何平，韦正乙，孙卉，等，2013. 紫花苜蓿转基因研究进展［J］. 草业科学，30（4）：627-637.

何新华，1994. 植物基因工程研究进展及其潜在危险［J］. 北方园艺（3）：1-4.

洪绂曾，B R 克里斯蒂，1984. 北美苜蓿育种的发展与成就［J］. 沈阳农学院学报，（1）：65-75.

胡日都胡，2013. 黄花苜蓿 *MfDREB1* 和 *MfDREB1s* 基因转化烟草的研究［D］. 呼和浩特：内蒙古大学.

黄绍兴，吕德扬，邵嘉红，等，1991. 紫花苜蓿原生质体转基因植株再生［J］. 科学通报（17）：1345-1347.

金建凤，高强，陈勇，等，2005. 转移拟南芥 *CBF1* 基因引起水稻植株脯氨酸含量提高［J］. 细胞生物学杂志，27

(1)：73-76.

金淑梅，管清杰，罗秋香，等，2006. 苜蓿愈伤组织高频再生遗传和转化体系的建立［J］. 分子植物育种，4（4）：571-578.

金万梅，董静，尹淑萍，2007. 冷诱导转录因子 CBF1 转化草莓及其抗寒性鉴定［J］. 西北植物学报，27（2）：223-227.

兰妍，2006. 苜蓿再生及农杆菌介导 *AtNHX1* 基因转化体系建立的研究［D］. 乌鲁木齐：新疆农业大学.

黎万奎，陈幼竹，周宇，等，2003. 肝片吸虫抗原基因转基因苜蓿再生的研究［J］. 四川大学学报（自然科学版），40（1）：144-147.

黎茵，黄霞，黄学林，2003. 根癌农杆菌介导的苜蓿体胚转化［J］. 植物生理与分子生物学报，29（2）：109-113.

李聪，熊德邵，耿华珠，1989. 苜蓿愈伤组织再生植株的研究［J］. 中国草地（6）：51-56.

李志友，2007. *COR* 和 *CBF3* 基因导入番茄的研究［D］. 重庆：西南大学.

梁慧敏，黄剑，夏阳，等，2003. 苜蓿外植体再生系统的建立研究［J］. 中国草地，25（3）：8-14.

梁蕊芳，2005. 利用基因枪轰击法将 *NHX1*、*CBF* 耐逆相关基因导入高羊茅［D］. 呼和浩特：内蒙古农业大学.

刘东海，1995. 紫花苜蓿栽培技术［J］. 内蒙古农业科技（6）：23-27.

刘芳，2012. 新疆黄花苜蓿再生体系建立及农杆菌介 *AK_APR* 基因转化研究［D］. 乌鲁木齐：新疆农业大学.

刘粉霞，2003. 农杆菌介导的玉米遗传转化的建立及拟南芥 *CBF1* 转基因玉米的研究［D］. 雅安：四川农业大学.

刘青松，陈立波，李志勇，等，2013. 黄花苜蓿盐胁迫诱导基因的克隆及序列特征分析［J］. 中国草地学报（5)：17-23.

刘庆法，郝峰蝉，沈大棱，1998. 农杆菌介导的小麦遗传转化条件的研究［J］. 复旦大学学报（自然科学版)，37（4)：569-572.

刘亚玲，王俊杰，云锦凤，等，2011. 黄花苜蓿 *LEA3* 基因片段克隆与生物信息学分析［J］. 生物技术通报（7)：82-87.

刘艳芝，王玉民，刘莉，等，2004. *Bar* 基因转化草原 1 号苜蓿的研究［J］. 草地学报，1（4)：273-276.

刘燕，胡鸢蕾，董静，等，2007. 转基因草莓向栽培草莓中转移 *CBF1* 基因的研究［J］. 分子植物育种，5（3)：309-313.

刘振虎，卢欣石，葛军，2005. 紫花苜蓿愈伤组织及体细胞胚的细胞学观察［J］. 草业科学，22（2)：37-40.

刘众，杨华，2005. 紫花苜蓿的价值及其栽培利用［J］. 内蒙古农业科技（4)：42-43.

刘祖祺，张石城，1994. 植物抗性生理学［M］. 北京：中国农业出版社.

柳武革，薛庆中，2000. 蛋白酶抑制剂及其在抗虫基因工程中的应用［J］. 生物技术通报（1)：20-25.

卢翠华，邸宏，李文滨，等，2007. 农杆菌介导的 *CryV*、*CBF1* 基因对马铃薯的遗传转化［C］//全国“植物生物技术及其产业化”研讨会论文集：70.

吕德扬，范云六，俞梅敏，2000. 苜蓿高含硫氨基酸蛋白转基因植株再生［J］. 遗传学报，27（4)：331-337.

马春平，宋丽萍，崔国文，2006. 紫花苜蓿抗塞生理指标的比较研究［J］. 黑龙江畜牧兽医（6)：47.

马晖玲，卢欣石，曹致中，等，2004. 紫花苜蓿不同栽培品种植株再生的研究［J］. 草业学报，13（6）：99-105.

毛雅妮，张德罡，孙娟，等，2009. KT 对白花草木樨不同外植体愈伤组织培养的影响［J］. 草原与草坪（5）：33-34.

秘一先，鲁学思，马周文，等，2016. 紫花苜蓿苗期抗寒敏感性生理生化指标的筛选［J］. 草原与草坪，36（1）：35-41.

聂利珍，郭九峰，孙杰，等，2012. 沙冬青脱水素基因转化紫花苜蓿的研究［J］. 华北农学报，27（3）：96-101.

牛一丁，霍朝霞，哈斯，等，2009. 紫花苜蓿花粉管通道法转基因技术初探［J］. 中国草地学报，31（1）：36-39.

P. 马利加，2000. 植物分子生物学试验指南［M］. 刘进远，吴庆余译. 北京：科学出版社.

钱瑾，2006. 紫花苜蓿高频再生体系的建立及农杆菌的木霉几丁质基因转化的研究［D］. 兰州：甘肃农业大学.

全国草品种审定委员会，2008. 中国审定登记草品种集［M］. 北京：中国农业出版社.

沙丽娜，郭兆奎，万秀清，2009. 转录因子 *CBF* 基因转化烟草抗寒性指标的检测［J］. 中国林副特产（1）：4-7.

时永杰，周丽霞，1997. 几种豆科牧草的组织培养［J］. 四川草原（3）：27-29.

舒文华，耿华珠，孙勇如，1994. 紫花苜蓿原生质体培养与植株再生［J］. 草地学报，2（1）：40-44.

孙雷心，2001. 美加联手开发转基因苜蓿［J］. 生物技术通报（1）：53.

孙启忠，玉柱，徐春城，2012. 我国苜蓿产业亟待振兴［J］. 草业科学，18（2）：314-319.

谭嘉力，郭振飞，2009. 黄花苜蓿 *MfPRP* 基因的克隆、表达特性及功能研究［C］. 中国草学会牧草育种委员会第七届代表大会论文集.

陶雅，玉柱，孙启忠，等，2009. 紫花苜蓿的抗寒生理适应性研究［J］. 草业科学，26（9）：151-155.

万素梅，胡建宏，王龙昌，等，2004. 不同紫花苜蓿品种特性分析［J］. 干旱地区农业研究，22（2）：59-62.

王成章，潘晓建，张春梅，等，2006. 外源 ABA 对不同秋眠型苜蓿品种植物激素含量的影响［J］. 草业学报，15（2）：30-36.

王丹，王俊杰，赵彦，2016. 黄花苜蓿黄酮醇合成酶基因（*MfFLS1*）的克隆及生物信息学分析［J］. 中国草地学报，38（1）：20-26.

王国良，2004. 农杆菌介导的紫花苜蓿 *BADH* 基因高效转化体系的优化和转基因植株的检测［D］. 兰州：甘肃农业大学.

王海波，李向辉，孙勇如，等，1989. 小麦原生质体培养——高频率的细胞团形成和植株再生［J］. 中国科学：B 辑（8）：829-833.

王茂良，冯慧，王建红，2007. 农杆菌介导 *CBF3* 基因转化扶芳藤的研究［J］. 园林科技（3）：6-8.

王凭青，李志中，晁跃辉，等，2007. 拟南芥转录因子 *CBF1* 基因杂交狼尾草的转化［J］. 重庆大学学报（自然科学版），30（10）：134-137.

王荣富，1987. 植物抗寒指标的种类及其应用［J］. 植物生理学通讯（3）：49-55.

王姝杰，闫淑珍，李世访，2005. 紫花苜蓿下胚轴愈伤组织诱导及再生植株的研究［J］. 植物保护，31（3）：50-52.

王渭霞，朱廷恒，胡张华，等，2005. 农杆菌介导的 *CBF1* 基因对松南结缕草的遗传转化［J］. 园艺学报（5）：953.

王渭霞，朱廷恒，玄松南，2006. 农杆菌介导的匍匐翦股颖胚性愈伤组织的转化和转 *CBF1* 基因植株的获得［J］. 中国草地学报，28（4）：59-64.

王晓云，毕玉芬，赵志强，2004. 国内外苜蓿育种中的分子标记技术［J］. 生物技术（4）：40-42.

王鑫，马永祥，李娟，2003. 紫花苜蓿营养成分及主要生物学特性［J］. 草业科学，20（10）：39-40.

王莹，杨惠玲，2005. 紫花苜蓿品种引种试验［J］. 内蒙古农业科技（3）：34-35.

王涌鑫，关宁，李聪，2008. 高效的苜蓿组织培养再生体系的建立［J］. 东北师大学报（自然科学版），3（40）：112-117.

王玉民，刘艳芝，夏彤，等，2012. 苜蓿子叶体细胞胚的诱导和植株再生（简报）［J］. 草业学报，1（13）：79-81.

王紫萱，易自力，2003. 卡那霉素在植物转基因中的应用［J］. 中国生物工程杂志，23（6）：9-12.

危晓薇，蔡丽娟，李仁敬，1999. 紫花苜蓿组织培养及其再生植株［J］. 新疆农业科学（2）：73-75.

文平，王仁祥，2005. 转基因植物研究进展［J］. 生物学教学，30（12）：9-12.

吴晨炜，王秀丽，刘群录，2008. 转录因子 *CBF* 基因转化百子莲的研究初报［C］. 中国园艺学会观赏园艺专业委员会学术年会论文集：116-119.

吴琰，董静，郭宝林，等，2007. 转 *CBF1* 基因地被石竹的抗寒性评价［J］. 中国农学通报，23（5）：59-62.

徐呈祥，2014. 植物抗寒性鉴定与测试方法研究进展

[J]. 广东农业科学，41（16）：50-54.

徐春波，王勇，赵海霞，等，2012. 冷诱导转录因子、AtCBF1转化紫花苜蓿的研究［J］. 草业学报，21（4）：168-174.

徐怀南，1990. 新西兰的苜蓿品种及其发展［J］. 国外畜牧学：草原与牧草（4）：1-5.

徐茂军，2001. 转基因植物中卡那霉素抗性（Kanr）标记基因的生物安全性［J］. 生物学通报，36（2）：18-19.

徐子勤，贾敬芬，1997. 发根农杆菌A4菌株转化苜蓿悬浮培养物［J］. 生物工程学报，13（1）：53-57.

闫桂琴，郜刚，2010. 遗传学［M］. 北京：科技出版社.

杨凤萍，梁荣奇，张立全，等，2006. 抗逆调节转录因子*CBF1*基因提高多年生黑麦草的抗旱能力［J］. 华北农学报，21（1）：14-18.

杨丽丽，2006. 根癌农杆菌介导的抗寒基因转录因子CBF转化苹果的研究［D］. 保定：河北农业大学.

杨青川，2010. 中国苜蓿育种的历史、现状与发展趋势［A］. 第四届中国苜蓿发展大会论文集［C］：30-36.

杨燮荣，邰根福，周荣仁，1981. 苜蓿组织培养及植株的再生［J］. 植物生理学通报（5）：33-34.

杨秀娟，卢欣石，2006. 紫花苜蓿抗寒性评价及其对秋冬季节低温适应性［D］. 北京：北京林业大学.

杨茁荫，林信贤，1992. 苜蓿与红豆草体细胞杂交的研究及条件［J］. 八一农学院报，15（2）：1-8.

于井瑞，张继林，李瑞英，等，2008. 沙化干旱地区苜蓿引种试验［J］. 内蒙古农业科技（5）：47-48.

于景华，祖元刚，孔瑾，等，2002. 根癌农杆菌介导*GUS*基因对白桦转化的研究［J］. 植物研究（2）：247-251.

于淑梅，耿慧，夏彤，2006. 生物技术在苜蓿育种工作中的研究进展及展望 [J]. 草原与饲料 (6)：23-25.

于万里，2011. 新疆黄花苜蓿植株形态及 *matK* 基因和 ITS 序列分析 [D]. 乌鲁木齐：新疆农业大学.

袁维风，尹淑萍，金万梅，等，2006. 根癌农杆菌介导转录因子 *CBF1* 基因对草莓的转化 [J]. 生物学杂志，23 (4)：37-40.

云锦凤，2001. 牧草及饲料作物育种学 [M]. 北京：中国农业出版社.

曾光，石庆华，张博，等，2010. 黄花苜蓿 *MfNHX* 基因和 *MfP5CS* 基因的克隆和序列分析 [J]. 新疆农业科学，47 (6)：1231-1235.

张晗，信月芝，郭惠明，等，2006. CBF 转录因子及其在植物抗冷反应中的作用 [J]. 核农学报，20 (5)：406-409.

张何，黄其满，2008. 苜蓿不同品种愈伤组织诱导、分化和再生能力的比较研究 [J]. 科技导报，26 (2)：38-41.

张华，2004. 盐生杜氏藻 3-磷酸甘油脱氢酶基因在苜蓿中的转化及检测 [D]. 成都：四川大学.

张立全，牛一丁，郝金凤，等，2011. 通过花粉管通道法导入红树总 DNA 获得耐盐紫花苜蓿 T0 代植株及其 RAPD 验证 [J]. 草业学报，30 (2)：292-297.

张丽君，白占雄，关文彬，等，2005. 我国苜蓿属植物栽培品种的地理分布 [J]. 华北农学报，20 (专辑)：99-103.

张连庆，李万春，2002. 退耕还草的首选——紫花苜蓿 [J]. 内蒙古农业科技 (专辑)：43.

张淑娟，2007. 转盐芥 *CBF1* 基因提高玉米抗逆性的研究 [D]. 济南：山东大学.

赵辉，2007. 橡胶农杆菌转化体系及抗寒转基因种质的研究

[D]. 海口：华南热带农业大学.

赵淑芬，陈志远，2004. 内蒙古自治区农牧交错带紫花苜蓿优质高产栽培关键技术［J］. 华北农学报，19（专辑）：131-133.

甄伟，陈溪，孙思洋，等，2002. 冷诱导基因的转录因子CBF1转化油菜和烟草及抗寒鉴定［J］. 自然科学进展（12）：1104-1109.

中国科学院《中国植物志》编辑委员会，2007. 中国植物志：豆科（第39卷）［M］. 北京：科学出版社.

中国农业百科全书编辑部，1996. 中国农业百科全书：畜牧业卷（上）［M］.北京：农业出版社.

钟克亚，2006. 抗寒相关基因 *AtGoLS3*、*CBF3* 转化柱花草和拟南芥［D］. 海口：华南热带农业大学.

周晶，2013. 黄花苜蓿 *MfDREB1* 基因转化紫花苜蓿的研究［D］. 呼和浩特：内蒙古大学.

周静，张晓丰，马吉春，等，2008. 农杆菌介导 *CBF1* 基因转化安祖花的研究［J］. 安徽农业科学，36（8）：3136-3137.

宗学凤，王三根，2011. 植物生理研究技术［M］. 南京：西南师范大学出版社.

Achard P，Gong F，Cheminant S，et al.，2008. The cold-inducible CBF1 factor-dependent signaling pathway modulates the accumulation of the growth-repressing DELLA proteins via its effect on gibberellin metabolism［J］. The Plant Cell，20（8）：2117-2129.

Agarwal P K，Agarwal P，Reddy M K，et al.，2006. Role of DREB transcription factors in abiotic and biotic stress tolerance in plants［J］. Plant cell reports，25（12）：1263-1274.

Agarwal P, Agarwal P K, Nair S, et al., 2007. Stress-inducible DREB2A transcription factor from Pennisetum glaucum is a phosphoprotein and its phosphorylation negatively regulates its DNA-binding activity [J]. Molecular Genetics and Genomics, 277 (2): 189-198.

Austin S, Bingham E T, Mathews D E, et al., 1995. Production and field performance of transgenic alfalfa expressing alpha-amylase and manganese 2 dependent lignin peroxidase [J]. Euphytica, 85: 381-393.

Avraham T, Badani H, Galili S, et al., 2005. Enhanced levels of methionine and cysteine in transgenic alfalfa (*Medicago sativa* L.) plants over-expressing the Arabidopsis cystathionine γ-synthase gene [J]. Plant Biotechnology Journal, 3 (1): 71-79.

Baker S S, Wilhelm K S, Thomashow M F, 1994. The 5, -region of *Arabidopsis thaliana* cor15a has cisacting elements that confer cold, drought and ABA-regulated Plant Mol [J]. Biol., 24: 701-713.

Bao A K, Wang S M, Wu G Q, et al., 2009. Overexpression of the Arabidopsis H+-PPase enhanced resistance to salt and drought stress in transgenic alfalfa (*Medicago sativa* L.) [J]. Plant Science, 176 (2): 232-240.

Barbulova A, Lantcheva A, Zhiponova M, et al., 2002. Agrobacterium-mediated transformation for engineering of herbicide-resistance in alfalfa (*Medicago sativa* L.) [J]. Biotechnology and Biotechnological Equipment, 16 (2): 21-27.

Baucher M, Marie A B, Brigitte C, 1999. Down-regulation of Cinnamyl Alcohol Dehydrogenase in Transgenic Alfalfa and the

Effect on Lignin Compositon and Digestibility [J]. Plant Molecular Biology, 39: 437-477.

Bellucci M, De Marchis F, Arcioni S., 2007. Zeolin is a recombinant storage protein that can be used to produce value-added proteins in alfalfa (*Medicago sativa* L.)[J]. Plant cell, tissue and organ culture, 90 (1): 85-91.

Brown D C, Atanassov W, 1985. Role of genetic background in somatic embryogenesis in Medicago [J]. Plant Cell, Tussue and Organ Culture (4): 111-122.

Brutigam M, Lindlf A, Zakhrabekova S, et al., 2005. Generation and analysis of 9792 EST sequences from cold acclimated oat, Avena sativa [J]. BMC Plant Biology, 5 (1): 18.

Chen T H, Marowith J, Thopson B G, 1987. Genotypic effects on somatic embryogenesis and plant regeneration from callus culture of alfalfa [J]. Plant Cell, Tussue and Organ Culture (8): 73-81.

Chinnusamy V, Ohta M, Kanrar S, et al., 2003. ICE1: a regulator of cold-induced transcriptome and freezing tolerance in Arabidopsis [J]. Genes & Development, 17 (8): 1043-1054.

Choi D W, Close T J, 2000. Rice (Oryza sativa, cv, Somegawa) DRE/CRT binding factor (CBF). NCBI GenBank accession number AF243384 (http: //www. ncbi. nlm nih. gov).

Choi D W, Close T J, 2000. Isolation of CBF1-like mRNA (BCBF1) from Barley (Hordeum vulga-re, cv, Morex). NCBI GenBank accession number AF243384 (http: //www. ncbi. nlm nih. gov).

Choi D W, Rodriguez E M, Close T J, 2002. Barley cbf3 gene identification, expression pattern, and map location [J]. Plant

Physiology, 129: 1781-1787.

Constable F, et al, 1975. Bioehem Physiol [J].Pflanzeo, 165: 319-325.

Daniele R., 2001. 苜蓿转基因雄不育性的特性描述 [J]. 谢国禄, 译. Euphytica, 18 (3): 313-319.

Deak M, Kiss G B, Korkz C, et al., 1986. Transformation of *Medicago* by agrobacterium mediated gene transfer [J]. Plant Cell Reports (5): 97-100.

Ding Y L, Aldao-Humble G, Ludlow E, et al., 2003. Efficient plant regeneration and Agrobacterium-mediated transformationin Medicago and Trifolium species [J]. Plant Science, 165: 1419-1427.

Doherty C J, Van Buskirk H A, Myers S J, et al., 2009. Roles for *Arabidopsis* CAMTA transcription factors in cold-regulated gene expression and freezing tolerance [J]. The Plant Cell, 21 (3): 972-984.

Dubouzet J G, Sakuma Y, Ito Y, et al., 2003. Shinozaki K, Yamaguchf Shi - nozaki K. OsDREB genas in ri encode an scription activators that function in cj rought-hight-salt-and cow exponsive gene expression [J]. Plant Journal, 33: 751-763.

Dudits D, Gyorgyey J, Bogre L, et al., 1995. Molecular biology of somatic embryogenesis [M]. In: Thorpe TA (ed) In Vitro Embryogenesis in Plants, 267-308.

Dus Santos M J, Wigdorovitz A, Trono K, et al., 2002. A novel methodology to de-velop a foot and mouth disease virus (FMDV) peptide based vaccine in transgenic plants [J]. Vaccine (20): 1141-1147.

Fowle S G, Cook D, Thomashow M F, 2005. Low temperature induction of Arabidopsis CBF1, 2, and 3 is gated by the circadian clock [J]. Plant Physiology, 137: 961-968.

Fowler S, Thomashow M F, 2002. Arabidopsis transcriptome profiling indicates that multiple regulatory pathways are activated during cold acclimation in addition to the CBF cold response pathway [J]. The Plant Cell, 14 (8): 1675-1690.

Gamboa M C, Rasmussen-Poblete S, Valenzuela P D T, et al., 2007. Isolation and characterization of a cDNA encoding a CBF transcription factor from E. globulus [J]. Plant Physiology and Biochemistry, 45: 1-5.

Gilmour S J, Sebolt A M, Everard J D, et al., 2000. Overexpression of the Arabidopsis CBF3 transcriptional activator mimics multiple biochemical changes associated with cold acclimation [J]. Plant Physiol, 124: 1854-1865.

Gilmour S J, Zarka D G, Stockinger E J, et al., 1998. Low temperature regulation of the *Arabidopsis* CBF family of AP2 transcriptional activation as an early step cold-induced COR gene expression [J]. The Plant Journal, 16 (4): 433-442.

Gruber M Y, Skadhauge B, Stougaard J, 1996. Condensed tannin mutations in Lotus japonicus [J]. Polyphenol Letters, 18: 428.

Guo Y, Xiong L M, Ishitani M, et al., 2002. An *Arabidopsis* mutation in translation elongation factor 2 causes superinduction of CBF/ DREB1 transcription factor genes but blocks the induction of their downstream targets under low temperatures [J]. Proc Natl Acad Sci, 99 (11): 7786-7791.

Haake V, Cook D, Riechmann J L, et al., 2002. Transcription

factor CBF4 is a regulator of drought adaptation in Arabidopsis [J]. Plant physiology, 130 (2): 639-648.

Hightower R, Cathy B, Ranela D, 1991. Eepression of antifreeze proteins in transgenic plants, Plant [J]. Molecular Biology, 17 (5): 1013-1021.

Hill K K, Jarvis-Eagan N, Halk E L, et al., 1991. The development of virus - resistant alfalfa, *Medicago sativa* L [J]. Nature Biotechnology, 9 (4): 373-377.

Hipskind J D, Paiva N L, 2000. Constitutive accumulation of a resveratrol-glucoside in transgenic alfalfa increases resistance to Phoma medicaginis [J]. Molecular Plant-Microbe Interactions, 13 (5): 551-562.

Hsieh T H, Lee J T, Yang P T, et al., 2002. Heterology expression of the Arabidopsis C-repeat/dehydration response element binding factor 1 gene conferss elevated tolerance to chilling and oxidative Strssses in transgenic tomato [J]. Plant Physiology, 129: 1086-1094.

Hsieh T H, Lee J, Charng Y, et al., 2002. Tomato plants ectopically expressing *Arabidopsis* CBF1 show enhanced resistance to water deficit stress [J]. Plant Physiology, 130 (2): 618-626.

Hsieh T, Lee J T, Charng Y Y, et al., 2002. Tomato plants ectopically expressing *Arabidopsis* CBF1 show enhanced resistance to water deficit stress [J]. Plant Physiology, 130: 618-626.

Ito Y, Katsura K. Maruyama K, et al., 2006. Functional analysis of rice DREB1/CBF-type transcription factors involved in cold-responsive gene expression in transgenic rice [J]. Plant Cell

Physiol, 47 (1): 141-153.

Jaglo K R, Kleff S, Amundsen K L, et al., 2001. Components of the Arabidopsis C-repeat/dehydration-responsive element dinding factor cold-response pathway are conserved in Brassica napus and other plant species [J]. Plant Physiology, 127: 910-917.

Jaglo-Ottosen K R, Gilmour S J, Zarka D G, et al., 1998. Arabidopsis CBF1 overexpression induces COR genes and enhances freezing tolerance [J]. Science, 280: 104-106.

James V A, Neibaur I, Altpeter F, 2008. Stress inducible expression of the DREB1A transcriptionfactor from xeric, Hordeum spontaneum L. in turf and forage grass (*Paspalum notatum* Flugge) enhances abiotic stress tolerance [J]. Transgenic Research, 17 (1): 93-104.

Kanaya E, Nakajima N, Morikawa K, 1999. Characterization of the transcriptional factor CBF1 from *Arabidopsis thaliana* [J]. J Biol Chem, 274 (23): 1606-1607.

Kao K N, Michayluls M R, 1980. Plant regeneration from mesophll protoplasts of alfalfa [J]. Z. Pflanzenphy siol (96): 135-141.

Kasuga M, Miura S, Shinozaki K, et al., 2004. A combination of the *Arabidopsis* DREB1A gene and stress-inducible rd29A promoter improved drought - and low - temperature stress tolerance in tobacco by gene transfer [J]. Plant and Cell Physiology, 45 (3): 346-350.

Kathleen D H, Johan B, Willy D G, 1990. Engineering of herbicide - resistant alfalfa and evaluation under field conditions [J]. Crop Sci., 30: 866-871.

Kidokoro S, Maruyama K, Nakashima K, 2009. The phytochrome interacting factor PIF7 negatively regulates DREB1 expression under circadian control in *Arabidopsis* [J]. Plant Physiol (151): 2046-2057.

Lee H, Guo Y, Ohta M, et al., 2002. LOS2, a genetic locus required for cold- responsive gene transcription a bi functional enolase [J]. EMBOJ, 21 (11): 2692-2702.

Lee H, Xiong L, Ishitani M, et al., 1998. Hosl, a genetic locus involved in cold-responsive gene expression in Arabidopsis [J]. Plant Cell, 10: 1151-1161.

Lee H, Xiong L, Ishitani M, et al., 1999. Cold-regulated gene expression and freezing tolerance in an *Arabidopsis thaliana* mutant [J]. The Plant Journal, 17: 301-308.

Li W, Wang D, Jin T, et al., 2011. The vacuolar Na^+/H^+ antiporter gene SsNHX1 from the halophyte Salsola soda confers salt tolerance in transgenic alfalfa (*Medicago sativa* L.) [J]. Plant Molecular Biology Reporter, 29 (2): 278-290.

Liu Q, Kasuga M, Sakuma Y, et al., 1998. Two transcription factors, DREB1 and DREB2, with an EREB/AP2 DNA - binding domain separate two cellular signal transduction pathways in drought and low-temperature-responsive gene expression, respectively, in Arabidopsis [J]. Plant Cell, 10 (8): 1391-1406.

Mckersie B D, Chen Y, De Beus M, et al., 1993. Supe roxide dismutase enhances tolerance of freezing stress in transgenical alfalfa (*Medicago sativa* L.) [J]. Plant physiology (USA), 103 (4): 1155-1163.

Medina J, Bargues M, Terol J, et al., 1999. The arabidopsis CBF gene family is composed of three genes encoding AP2 domain-containing proteins whose expression is regulated by low temperature but not by abscisic acid or dehydration [J]. Plant Physiology, 119: 463-469.

Miura K, Jin J B, Lee J Y, et al., 2007. SIZ1-mediated sumoylation of ICE1 controls CBF3/DREB1A expression and freezing tolerance in *Arabidopsis* [J]. The Plant Cell, 19: 1403-1414.

Mizukami Y, Houmura I, Takamizo T, et al., 2000. Production of transgenic alfalfa with chitinase gene (RCC2) [C] //Abstracts 2nd International Symposium Molecular Breeding of Forage Crops, Lorne and Hamilton, Victoria.

Moffat A S, 2002. Finding new ways to protect drought-stricken plants [J]. Science, 296 (5571): 1226-1229.

Narváez-Vásquez J, Orozco-Cárdenas M L, Ryan C A, 1992. Differential expression of a chimeric CaMV-tomato proteinase inhibitor I gene in leaves of transformed nightshade, tobacco and alfalfa plants [J]. Plant Molecular Biology, 20 (6): 1149-1157.

Novillo F, Alonso J M, Ecker J R, et al., 2004. CBF2 /D R EBlc is a negative regulator of CBF1 /D R EB1B and CBF3 / D R EBlA expression and plays a central role in stress tolerance in Arabidopsis [J]. Proc Natl Acad Sci, 101: 3985-3990.

Novillo F, Alonso J M, Ecker J R, et al., 2004. CBF2/DREB1C is a negative regulator of CBF1/DREB1B and CBF3/DREB1A expression and plays a central role in stress tolerance in Arabidopsis [J]. Proc Natl Acad Sci, 101 (11): 3985-3990.

Novillo F, Medina J, Salinas J, 2007. Arabidopsis CBF1 and CBF3 have a different function than CBF2 in cold acclimation and define different gene classes in the CBF regulon [J]. Proceedings of the National Academy of Sciences, 104 (52): 21002-21007.

Qin F, Sakuma Y, Li J, et al., 2004. Cloning and functional analysis of a novel DRE B1/CBF transcription factor involved cow rasp on - sive gene expression in *Zea mays* L [J]. Plant & Cell Physiology, 45 (8): 104-105.

Reddy M S S, Chen F, Shadle G, et al., 2005. Targeted down-regulation of cytochrome P450 enzymes for forage quality improvement in alfalfa (*Medicago sativa* L.) [J]. Proceedings of the National Academy of Sciences of the United States of America, 102 (46): 16573-16578.

Reicht J, Lyervn, Mikibl, 1986. Efficient Transformation of Alfalfa Protop lasts by the Intranuclear Microinjection of Ti-plasmids [J]. BioTechnology (4): 1001-1004.

Roberts D R, Walker M A, Thompson T E, et al., 1984. The effects of inhibitors of polyamine and ethylene biosynthesis on senescence, ethylene production and polyamine levels in cut carnation flowers [J]. Plant Cell Physicol, 25: 315.

Robinson K E P, Adams D O, Lee R Y, 1987. Differential physiological and morphological response of inbredlinestothylene precursor 1 - aminocyclopropane - 1 - carboxylic acid by cultured krdokors sunflower shoot lips [J]. Plant Cell Physicol, 6: 405.

Sakuma Y, Liu Q, Dubouzet J G, et al., 2002. DNA-binding specificity of the ERF/AP2 domain of Arabidopsis DREBs, transcription factors involved in dehydration and cold-inducible gene expression [J]. Biochem Biophys Res Commun, 290: 998-1009.

Samac D A, Smigocki A C, 2003. Expression of oryzacystatin I and II in alfalfa increases resistance to the root-lesion nematode [J]. Phytopathology, 93 (7): 799-804.

Saunders J W, Bingham E T, 1972. Production of alfalfa plants from tissue culture [J]. Crop Science, 12: 804-808.

Schwab P M, Barnes D K, Sheaffer C C, et al., 1996. Factors affecting a laboratory evaluation of alfalfa cold tolerance [J]. Crop Sci, 36: 318-324.

Shadle G, Chen F, Reddy M S S, et al., 2007. Down-regulation of hydroxycinnamoyl CoA: shikimate hydroxycinnamoyl transferase in transgenic alfalfa affects lignification, development and forage quality [J]. Phytochemistry, 68 (11): 1521-1529.

Sharabi-Schwager M, Lers A, Samach A, et al., 2010. Over-expression of the CBF2 transcriptional activator in *Arabidopsis* delays leaf senescence and extends plant longevity [J]. Journal of Experimental Botany, 61 (1): 261-273.

Shin D I, Park H S, 2005. Hydrogen peroxide effect on Agrobacterium-mediated alfalfa sprouts transformation [J]. Agricultural Chemistry and Biotechnology, 1: 210-212.

Shinwari Z K, Nakashima K, Miura S, et al., 1998. An Arabidopsis gene family encoding DRE/CRT binding proteins involved in low-temperature responsive gene expression

[J]. Biochemi Biophys Res Commun, 250 (1): 161-170.

Stockinger E J, Mao Y, Regier M K, et al., 2001. Transcriptional adaptor and histon acetyltransferase proteins in Arabidopsis and their interactions with CBF1, a transcriptional adaptor involved in cold-regulated gene expression [J]. Nucleic Acids Res, 29 (7): 1524-1533.

Strizhov N, Keller M, Mathur, et al., 1996, A synthetic cry IC gene, encoding a Bacillus thuringiensis delta-endotoxin, confers Spodopeera resistance in alfalfa and tobacco, Proc. natl [J]. Acad. Sci, 93 (26): 15012-15017.

Suman B, Angela A, Nina K, et al., 2004. Genetic engineering ruminal stable high methionine protein in the foliage of alfalfa [J]. Plan Science (166): 273-283.

Tabe L M, Wardley-richardson T M, 1993. Genetic engineering of grain and pasture legumes for improced nutritive value [J]. Genetica (90): 181-200.

Tamura K, Yamada T, 2007. A perennial ryegrass CBF gene cluster is located in a region predicted by conserved synteny between Poaceae species [J]. Theoretical and Applied Genetics, 114 (2): 273-283.

Tang M, Lu S, Jing Y, et al., 2005. Isolation and identification of a cow-inducible gene encoding a putaf ive DRE-binding transcription factor from Fastuca arundinacea [J]. Plant Physiology and Bio-chuistry, 43: 233-239.

Thomashow M F, 2001. So what's new in the field of plant coldacclimation lots [J]. Plant Physiol, 125: 89-93.

Thomashow M F, 1998. Role of cold responsive genes in plant freezing tolerance [J]. Plant Physiology, 118: 1-7.

Tian L, Brown D C W, Waltson E, 2002. Continuous long term somatic embryogenesis in alfalfa [J]. Vitro Cellular and Developmental Biology, 38 (3): 279-284.

Todorovska E, Sarul P, Atanasov A, 1995. Inheritance of kanamycin and ethionine resistance introduced in alfalfa (*Medicago sativa* L.) by gene transfer and cell selection [J]. Biotechnology and Biotechnological Equipment, 9 (1): 45-51.

Van Burren M L, Salvi S, Morgante M, et al., 2002. Comparative genomic mapping between a 745 kb region flan king DREB 1A in Arabidopsis thaliana and maize [J]. Plant Molecula Biology, 48: 741-750.

Wandelt C L, Khan M R, Craig S, et al., 1992. Vicilin with Carbory-terminal KDE is retained in the endoplasmic Reticulum and accumulates to high levels in the leaves of transgenic plants [J]. Plant J (2): 181-192.

Webb K J, 1986. Transformation of forage legumes using Agrobacterium tumefaciens [J]. Theor Appl Genet, 72: 53-58.

Webb K J, 1986. Transformation of Forage Legumes Using Agrobacterium Tumefaciens [J]. Theoretical and Applied Genetics, 72 (1): 53-58.

Wigdorovitz A, Sadir A M, Escribano J M, et al., 1999. Induction of a protective antibody response to foot and mouth disease virus in mice following oral or parenteralimmunization with alfalfa transgenic plants expressing the viral structural protein VP1 [J]. Virol (255): 347-353.

Wigdoroyizz A, Sadir A M, Escribano J Y, et al., 1999. Induction of a protective antibody response to foot and mouth disease virus in mice following oral or parenteral immunization with alfalfa transgenic plants expressing the viral structural protein VPI [J]. Virology, 255: 347-353.

Winicovi, Bastoladr, 1999. Transgenic over expression of the Transcription Factor Alfinl Enhances Expression of the Endogenous MsPRP-gene in Alfalfa and Imp roves Salinity tolerance of the Plants [J]. Plant Physiol, 120: 473-480.

Xiong Y, et al., 2006. Functional and phylogmetic analysis of a DREB/CBF-like gene in perennial ryrass (*Lolium perenne* L.) [J]. Planta. 224: 878-888.

XU Z Q, MA H J, 2000. Truas for mation of sainfoin by a grobacterium rhiao genes and regeneration ruansgenic plants [J]. Acta Biologiae Experimentalis Sinica, 33 (1): 63-68.

Yamaguchi-Shinozaki K, Shinozaki K, 1994. A novel cis-acting element in an *Arabidopsis* gene is involved in responsiveness to drought, low-temperature, or high-salt stress [J]. Plant Cell, 6: 251-264.

Yang S, Gao M, Xu C, et al., 2008. Alfalfa benefits from Medicago truncatula: the RCT1 gene from M. truncatula confers broad-spectrum resistance to anthracnose in alfalfa [J]. Proceedings of the National Academy of Sciences, 105 (34): 12164-12169.

Zhang J Y, Broeckling C D, Blancaflor E B, et al., 2005. Overexpression of WXP1, a putative Medicago truncatula AP2 domain-containing transcription factor gene, increases cuticular wax accumulation and enhances drought tolerance in transgenic alfalfa (*Medicago sativa* L.) [J]. The Plant Journal, 42 (5): 689-707.

缩 写 表

ABA（Abscisic Acid） 脱落酸
BA（6-benzylaminopurine） 6-苄基氨基嘌呤
bp（Base pair） 碱基对
BLAST（Basic local alignment search tool） 局部基因检索工具
Carb（Carbenelliin） 羧苄青霉素
CBF（CRT/DER blinding factor）
核心元件的 CRT/DER 结合因子
cDNA（Complementary DNA） 互补 DNA
Cef（Cefotaxime） 氨噻肟头孢菌素
COR（cold-regulated gene） 冷调节基因
CRT（C-repeat elements） 胞嘧啶重复元件
CTAB（Cetyltrimethyl ammonium bromide） 溴化十六烷三甲基氨
2,4-D（2,4-iehloroPhenoxyacetieacid） 二氯苯氧乙酸
DRE（dehydration-responsive element） 脱水响应元件
DREB（dehydration-responsive element blinding）
脱水响应元件因子
EDTA（Ethylene Diamine Tetraacetic Acid） 乙二胺四乙酸
GUS（Glucuronidase） 葡萄糖苷酸酶
HOS1（high express of osmotically responsive genes Ⅰ）
高表达渗透反应基因蛋白Ⅰ
ICE（inducer of CBF expression） CBF 表达诱导因子
Kan（Kanamycin Sulfate） 卡那霉素

Kt（kinetin）	激动素
MDA（Malondialdehyde）	丙二醛
NAA（Naphthylacetic acid）	萘乙酸
OD（Optical density）	光密度值
PCR（Polymerase chain reaction）	聚合酶链式扩增反应
Pro（Proline）	脯氨酸
RT-PCR（reverse transcription-PCR）	反转录 PCR
SOD（Superoxide dismutase）	超氧化物歧化酶
TMV（tobacco mosaic virus）	烟草花叶病毒